AF403432

A. ARONE

La

Morphologie humaine

Sa genèse ; son état actuel ; ses applications

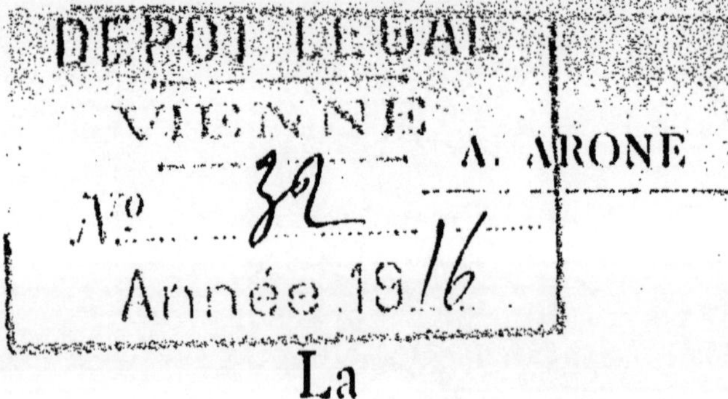

Des origines connues jusqu'à l'époque actuelle, notre monde humain s'est développé de manière à réunir ses groupes épars en une société générale de plus en plus cohérente et à former avec la Terre qui le porte un tout de plus en plus intime. C'est là ce que dans leur conception particulière et subjective les hommes appellent le progrès.

Elisée RECLUS.

PARIS

SOCIÉTÉ FRANÇAISE D'IMPRIMERIE ET DE LIBRAIRIE

ANCIENNE LIBRAIRIE LECÈNE, OUDIN ET Cie

15, RUE DE CLUNY, 15

1915

LA

Morphologie humaine

Sa genèse; son état actuel; ses applications

A. ARONE

LA Morphologie humaine

Sa genèse ; son état actuel ; ses applications

> Des origines jusqu'à l'époque actuelle,
> notre monde humain s'est développé
> de manière à réunir ses groupes en
> une société générale de plus en plus
> cohérente et à former avec la Terre
> qui le porte un tout de plus en plus
> intime. C'est là ce que dans leur
> conception particulière et subjective
> les hommes appellent le progrès.
>
> Elisée RECLUS.

PARIS

SOCIÉTÉ FRANÇAISE D'IMPRIMERIE ET DE LIBRAIRIE

ANCIENNE LIBRAIRIE LECÈNE, OUDIN ET Cie

15, RUE DE CLUNY, 15

1915

AVANT-PROPOS

La science à laquelle ce livre est consacré a
déjà été vulgarisée par un grand nombre de pu-
blications, mais celles-ci avaient surtout pour but
de familiariser les praticiens avec ses côtés techniques ; en outre elles étaient forcément fragmen-
taires puisque chacune d'elles était destinée à résumer l'un des chapitres d'un ensemble plus
vaste. Le but que nous avons poursuivi ici est un
peu différent. Nous nous sommes proposé de donner de la morphologie humaine une vue synthétique qui incite à en aborder l'étude appro-
fondie, de mettre en lumière ses apports à la
physiologie générale et humaine, et de comparer
les principes ainsi recueillis à ceux que fournissent actuellement les autres branches de la
biologie.

Notre époque a enrichi par une multitude d'efforts l'œuvre gigantesque qu'accomplirent les philosophes naturalistes du xviiie et du xixe siècle lorsqu'ils brisèrent le moule en lequel la religion
avait enfermé les formes animales, pour plon-
ger la glaise protoplasmique dans l'océan cosmique
dont elle émane et retrouver dans chacune de ses

modalités la trace des empreintes déposées en elle par les milieux extérieurs. Sur l'œuvre de Darwin germa tout d'abord l'arbre généalogique des espèces, établi par Haeckel ; puis, les exigences relatives aux connaissances phylogéniques s'étant multipliées, les expériences s'ajoutèrent aux expériences, les découvertes aux découvertes. Aux hypothèses hasardeuses se substituèrent les observations cataloguées avec une inlassable patience, et l'arbre qui prend racine dans l'humble monère et porte à sa cime la pensée consciente, se transforma en un schéma indéfiniment perfectible.

De toutes les données auxquelles il prêta son cadre complaisant se dégagea bientôt une notion capitale qui avait été établie par Lamarck mais que l'œuvre de Darwin avait reléguée à un plan secondaire, celle du rôle des milieux extérieurs dans la genèse des êtres. Alors seulement la fécondité du concept d'évolution apparut dans sa plénitude.

Depuis que l'œuvre de notre grand Lamarck a pris dans l'histoire de la biologie la place primordiale qui lui appartient, la phylogénie et la morphologie générale ont donné naissance à une science nouvelle, l'éthologie, dont la portée pratique s'avère aussi considérable que l'importance spéculative ; confondues en un tout indissoluble, l'étude de la forme et celle de la fonction renouvellent, ou plutôt créent la science de la vie.

« Le point de vue de la forme domine fatalement tous les autres en biologie », nous dit Le Dantec. Yves Delage convie les biologistes à rechercher « les conditions et les causes des grandes manifestations de la vie dans la cellule, dans l'individu et dans l'espèce. » Pour Houssay, « les variations de la forme et de la vie sont liées par des lois qui apparaîtront à force de patience dans des investigations étendues..... le déterminisme à chercher ne peut être rencontré qu'après deux étapes assurant la liaison d'une part entre le milieu et le fonctionnement vital, d'autre part entre le fonctionnement vital et la forme ; » pour Giard, en anthropologie et en biologie, l'avenir appartient à une nomenclature basée sur les lois de variation des formes et des couleurs. » Et l'œuvre de chacun de ces penseurs apporte à leur commune appréciation la plus éclatante des sanctions. Dans les livres de l'un, l'idée des relations de la forme à la fonction et à la composition chimique, et de celle-ci à la spécificité individuelle met une trace lumineuse dans le dédale des théories biologiques, éclairant celles d'entre elles qui sont la traduction des faits, rejetant dans l'ombre les autres, nées de vues systématiques. L'autre considère que les manifestations de la vie embryonnaire peuvent être ramenées à l'influence de causes actuelles. L'étude des rapports des conditions de milieu à la genèse des formes devient chez le troisième la pierre angulaire de l'ontogénie et de la phylogénie. Ses écrits nous entraînent dans les régions où le domaine de la poésie et celui de l'observation déductive ne se distinguent plus l'un de l'autre et reportent notre pensée au temps où la matière attendait, inerte et passive, les tressaillements intestins qui devaient la féconder et modeler ses contours.

A travers l'œuvre du quatrième enfin, la morphologie n'apparaît pas seulement comme un instrument intellectuel, mais comme le support d'une éthique et d'une esthétique. A l'admiration ressentie par le savant devant le spectacle de l'effort humain s'ajoute l'enthousiasme qu'inspire à l'artiste la fécondité de la vie et la variété des formes qu'elle pétrit incessamment. Mais cet enthousiasme même n'est que le foyer auquel viennent s'alimenter les plus hautes aspirations psychiques. Ceux qui le ressentent collaborent, nous dit l'auteur, « au grand œuvre de l'heure présente, l'établissment de la religion de l'avenir. »

Or, l'œuvre à laquelle est consacrée la plus grande partie de ce livre prolonge celles dont nous venons de parler. Elle est née comme elles du désir d'opposer à des entités mensongères les révélations de la forme individuelle ; comme elles encore, elle s'efforce de saisir la vie dans sa réalité mouvante et polymorphe, et de rejoindre l'éthique à l'étude de la nature.

Fille de la clinique et de la morphologie générale, elle emprunte à la première de ces disciplines son positivisme et son substratum expérimental, à la seconde ses longs espoirs, ses vastes pensées, et aussi les tâtonnements, appositions et retouches qui rendent ses procédés si pareils à ceux de la nature dont elle est l'interprète. Bien loin de chercher à dissimuler ces perfectionnements incessants, nous nous sommes, en cette étude, attachés à laisser à la science que nous étudions son caractère de perpétuel devenir. Il nous a semblé intéressant et suggestif de retracer la gestation à laquelle elle doit sa structure actuelle, vraisemblablement embryonnaire par rapport à celle que lui apportera l'avenir.

Peut-être même eussions nous dû attendre pour publier ces pages que le dernier ouvrage du clinicien qui l'a créée, *La Forme humaine*, soit entièrement terminé (1), car la signification totale des données recueillies jusqu'ici ne se livrera sans doute qu'à ce moment. Mais il est possible que la réalisation d'une aussi vaste synthèse s'échelonne sur une durée encore longue, et nous avons obéi au désir de grouper dès maintenant en un ouvrage unique les acquisitions déjà réalisées. Au surplus, bien que celles-ci soient dues jusqu'à présent à un seul penseur, la morphologie humaine se présente à ses adeptes comme une science apte à faire converger vers son édification des recherches accomplies dans des directions assez diverses : elle convie tous les observateurs intelligents à réaliser dans le plus vaste des laboratoires des expériences aussi simples que démonstratives, et l'espoir d'en provoquer quelques-unes n'a pas été étranger à la peine prise ici pour retracer son histoire.

Cette tâche une fois remplie, il suffisait de jeter un coup d'œil sur les efforts qui, dans le passé, ont plus ou moins directement favorisé la genèse de la nouvelle science pour préciser sa

(1) Le 1ᵉʳ fascicule seul en est publié.

place dans l'évolution de la philosophie biologique. C'est cette pensée qui nous a engagé à faire précéder l'exposé de ses données actuelles, d'un historique d'ailleurs non indispensable à la compréhension du reste de l'ouvrage.

Ce livre ne s'adresse pas seulement à l' « excellent médecin » qui, si nous en croyons Hippocrate « est aussi philosophe » et que la société moderne a, plus encore que la cité antique, rendu « égal aux dieux ». Il intéresse aussi ceux qui cherchent dans la synthèse des faits biologiques et dans l'étude des individualités, des notions applicables à la direction de la vie et à l'organisation sociale.

« Etre c'est lutter, vivre c'est vaincre » a dit Le Dantec. Puisque les épisodes de cette lutte viennent de s'inscrire dans la forme du corps, on ne saurait chercher à interpréter celle-ci sans pénétrer plus avant dans la connaissance des aspirations intimes de l'être : les premiers chercheurs rendirent d'ailleurs hommage à cette vérité en demandant à l'étude du tempérament individuel à la fois les rudiments de la pathologie et les principes fondamentaux de l'éthique.

Si, à la lumière de cette dernière considération, la morphologie humaine apparaît comme l'un des témoignages du cycle éternel accompli par l'intelligence, elle accentue, lorsqu'on l'envisage dans le présent, l'orientation dynamique et synthétique de la pensée contemporaine. Tandis que les sociologues font de l'adaptation de l'individu au milieu et du milieu à l'individu « le but et le résultat de tous les efforts humains » (1), les poètes et les artistes puisent leurs plus hautes inspirations dans la conscience du monisme universel, les métaphysiciens nous invitent à nous abandonner aux suggestions de l'ambiance et les savants — chimistes physiciens et biologistes — perçoivent dans tout phénomène l'expression des déséquilibres incessamment subis par la matière.

Seule, la médecine clinique, s'étant attardée au dénombrement des rouages et matériaux de la machine humaine, était restée jusqu'ici exclusivement statique. Voici qu'étayée sur la morphologie, elle plonge à son tour dans l'océan cosmique cher aux premiers penseurs. Cette évolution étend à toutes les manifestations de la pensée l'homogénéïté de l'idéal moderne.

(1) René Worms. *Principes biologiques de l'évolution sociale.*

LIVRE PREMIER

La Genèse

DE LA

Morphologie humaine

CHAPITRE PREMIER

———

Morphologie et Évolutionisme

1. — *Définition et objet de la morphologie*

La morphologie est, comme son nom l'indique, la science qui a pour objet l'interprétation des *formes* du corps.

Mais qu'est-ce qu'une forme, sinon la résultante du mode de groupement des particules constitutives de la matière? Le biologiste appellera donc modification de « forme » tout changement perceptible aux sens de ce mode de groupement, et le mot morphologie acquerra ainsi pour lui une acception beaucoup plus vaste que celle qu'on lui prête généralement. Il se rapportera à *l'interprétation scientifique de celles des caractéristiques extérieures du corps dont la découverte est ccessible à la vue, au toucher et à l'ouïe* (forme roprement dite, coloration, élasticité, sonoité, etc.). La corpulence, le teint, la tempéraure d'un individu se modifient sous l'influence 'une nourriture excessive ou insuffisante ; ses muscles s'atrophient lorsqu'ils ne se donnent pas de mouvement, etc., etc. C'est dire que *la forme est fonction des milieux extérieurs, et que la science des formes se confond avec la science de la vie.* Si nous possédions des connaissances et des moyens d'investigation suffisants, nous pourrions lire l'histoire d'un individu dans l'aspect extérieur de son corps, parce que les vibrations apportées par les milieux s'inscrivent dans la structure cellulaire comme les vibrations lumineuses sur une plaque photographique.

Depuis le moment où il a commencé à penser, l'homme a eu la prescience de cette vérité. Il a cherché à établir un rapport entre l'aspect extérieur du corps et l'individualité.

C'est l'histoire des efforts accomplis dans ce but qui est esquissée dans le premier livre de cette étude.

La morphologie humaine se présente à nous, moins encore comme la création des penseurs qui l'ont laborieusement édifiée dans le présent, que comme une réponse aux aspirations les plus anciennes et les plus continues de l'humanité. Elle peut être en effet considérée comme l'ultime floraison du concept *d'évolution*, qui lui-même plonge dans d'insondables profondeurs ses puissantes racines. Et c'est seulement lorsqu'on l'étudie dans sa genèse qu'apparaît la plénitude de sa signification et de sa majesté.

Toutefois, la lecture de ce premier livre n'est

pas indispensable à la compréhension des livres suivants. Celui qui est trop peu curieux ou trop initié à l'histoire de la philosophie biologique pour éprouver le besoin de remonter à l'origine des idées pourra se dispenser de le parcourir. Quant à ceux auxquels les conquêtes actuelles de l'intelligence apparaissent d'autant plus belles qu'ils peuvent mieux saluer en elles la sanction et le prolongement du labeur des siècles passés, nous les prierons seulement de bien vouloir excuser les détours auxquels nous obligent le nombre et l'apparente hétérogénéité des notions rencontrées en cours de route.

Située en quelque sorte au centre des connaissances humaines, invoquée à la fois par le thérapeute, l'éducateur et le sociologue, la science dont nous parlons entraîne l'historien des idées dans les provinces les plus diverses de la pensée.

Si les êtres vivants sont soumis à l'action des milieux extérieurs, c'est, en premier lieu, parce que les éléments qui entrent dans la composition de l'univers ont des propriétés qui leur permettent d'exercer les uns sur les autres une action réciproque ; en second lieu parce que la matière vivante est aussi incapable que la matière brute de se mouvoir par elle-même.

Cependant les propriétés de cette matière vivante — dont l'ensemble constitue chez un être humain le tempérament individuel — varient, comme nous venons de le dire, avec les excitations apportées par le milieu. Or, le tempérament n'est que la manifestation d'aptitudes et de propriétés prédominantes.

Et comment des caractéristiques seraient-elles prédominantes si elles n'étaient associées à des déficiences *correspondantes* et *compensatrices ?*

Dans ce bref aperçu, nous avons successivement fait appel aux notions de *monisme*, *d'irritabilité*, de *tempérament*, de *prédominance*, de *subordination des caractères* et de *processus compensateurs* ou *balancement organique*.

Nous allons maintenant jeter un coup d'œil sur l'histoire de ces idées, en les envisageant seulement dans leurs rapports avec le sujet de cette étude, et sans demander à cette enquête succincte et souvent indirecte autre chose que la mise en lumière de l'immuabilité des aspirations humaines à travers les âges.

2. — *Genèse du concept de monisme.*

Un célèbre philosophe contemporain a défini l'intelligence : « la faculté de fabriquer des objets artificiels, en particulier des outils à faire des outils, et d'en varier indéfiniment la fabrication » (1).

---

(1) Bergson. *L'Evolution créatrice.*

Il y a un remarquable accord entre cette conception et la belle définition du progrès choisie ici comme épigraphe. C'est en effet l'outil, merveilleux prolongement des organes naturels, qui a permis à l'ouvrier humain de recréer à son tour l'univers qui l'avait produit ; par lui il a couvert la terre de végétaux et d'animaux utiles, forgé l'arme défensive, construit l'abri, le métier et la cité, tracé la route, fait du fleuve, de la mer, et, depuis hier, de l'air et de la nuée, le docile support du vaisseau obéissant. Des appareils ont révélé à l'astronome la route parcourue par l'étoile dans l'immensité des cieux et la nature des corps entrant dans la composition de cette étoile ; des appareils encore ont permis au chimiste de suivre, sinon du regard, du moins par la pensée, non plus seulement les mouvements de l'atome incessamment incorporé à de nouveaux groupements moléculaires, mais ceux de l'électron, qui, dérobant aujourd'hui à l'atome la suzeraineté infinitésimale, vient se dissoudre dans l'impondérable, pour engendrer, par delà les temps, des univers noüveaux.

Penché sur un microscope perfectionné, le biologiste contemple la cellule qui vient, sous ses yeux, se résoudre comme l'atome en particules, semblables, elles aussi, à de petits soleils, animés chacun de mouvements propres, et entrant en conjonction avec d'autres soleils.

La matière inorganique apparaît comme submergée sous le pullulement de cette cellule en tra-vail qui construit avant de mourir les assises crayeuses du sol, s'agite dans la goutte d'eau, édi-fie les organismes les plus complexes, et les détruit aussi lorsqu'elle se présente sous forme de parasite meurtrier. Sur tous les points de l'espace se pressent des myriades d'êtres vivants. Tandis que le bactériologiste étudie les conditions d'exis-tence de micro-organismes détenteurs d'une for-midable puissance, le naturaliste prend pour laboratoire la prairie et la forêt : la loupe est le talisman grâce auquel il recueille les confidences de la plante et de l'insecte, réservées autrefois à la fée Viviane et à l'enchanteur Merlin.

C'est ainsi que l'homme a peu à peu compris quel ordre de grandeur était le sien dans l'en-semble de la création. L'animal agité de désirs, de sentiments et de passions semblables à ceux dont il était lui-même la proie, l'électron, soleil tourbillonnant au sein de la matière, l'étoile, électron de la voie lactée, lui ont enseigné la va-nité de ses vanités.

Créée par l'outil, la science peut elle-même être assimilée à un immense outil forgé par la pensée, et grâce auquel celle-ci, pénétrant de plus en plus profondément dans l'intimité des phénomènes, a conquis les richesses telluriques, asservi les élé-ments et donné une base tangible à la notion de relativisme universel.

Mais si l'instrument matériel a en quelque

sorte situé la créature humaine dans l'univers, il n'a pas été indispensable à la reconnaissance des rapports de filiation qui l'unissent à la terre. Longtemps avant les révélations de la science positive, le penseur, guidé par l'intuition et le raisonnement, avait salué dans la nature une mère, puisque la plupart des cosmogonies primitives sont un hommage à une différenciation progressive de la matière, qui aurait eu la création de l'homme pour couronnement.

« Au commencement était l'action », dit Faust. Autrement dit, l'Esprit ayant préexisté à la Matière, la scène du monde a, dans l'esprit des premiers penseurs, été accaparée pendant une durée infinie par le Néant dont on n'a perçu que de nos jours le caractère fallacieux.

Dans les cosmogonies les plus rudimentaires, l'univers attend, pour surgir du chaos, l'ordre d'un Dieu créateur qui s'appelle quelquefois Brahma ou Jéovah, mais peut être aussi représenté par un rat musqué ou un lièvre comme chez quelques peuplades indiennes. A mesure que la compréhension se développe, on voit l'idée anthropomorphique de *création* passer au second plan, puis s'effacer complètement devant celle d'*autogenèse*. Il est même des mythologies primitives où ce dernier concept est évoqué et, dans ce cas, il revêt une majesté qu'on ne retrouve pas au même degré dans le panthéisme moderne.

Dans le *Rig-Véda*, on rend hommage à l'Un qui « reposant dans le Vide et enveloppé dans le Néant, se développe par la puissance de la ferveur » ; dans les poèmes d'Orphée, il est dit que « le Temps était alors que le monde n'était point ».

C'est d'ailleurs sans doute l'évolutionisme implicitement contenu dans les cosmogonies orientales qui a servi de base à la philosophie des premiers penseurs Ioniens dans laquelle nous voyons l'univers naître de la différenciation d'une matière primordiale, l'eau pour Thalès, l'air pour Anaximène, le feu pour Héraclite et enfin pour Anaximandre, dont les principes cosmogoniques se confondent absolument avec ceux des modernes théoriciens des origines, par une matière indéfinie puisque tous les éléments actuellement connus n'en peuvent représenter que des transformations.

Ajoutons que chez Anaximandre, Empédocle et quelques autres, les théories transformistes acquièrent une grande précision ; de la juxtaposition des diverses parties d'animaux différents naissent les êtres les plus hétéroclites, et sur cette étrange phylogénie plane la notion fondamentale, commune à la plupart des cosmogonies primitives, de l'origine aquatique du monde vivant. Le concept d'Evolution est donc un des des plus remarquables témoignages de l'identité des aspirations humaines à travers les âges.

3. — *Relativité des concepts de monisme et de transformisme*

Les théories monistes ont-elles un équivalent objectif ? Ou sont-elles seulement fonction de la nature de l'intelligence, astreinte par la poursuite des ressemblances à une « simplification toujours croissante ? » (Ribot).

De toutes les réponses qu'on pourrait faire à cette question, nous ne retiendrons que celle qui est en rapport direct avec notre sujet, et qu'on pourrait formuler ainsi : Les idées d'unité, de substance, de vérité, de réalité sont des abstractions, puisqu'un être quelconque, si perfectionné soit-il en organisation, ne peut percevoir que des rapports et que, par conséquent, la nature de l'objet change avec celle du sujet. Mais les aspirations dont sont faites les théories monistes ont cependant pour substratum des réalités indéniables, sans lesquelles la science n'eût pu se constituer.

« Toute généralisation, dit M. Poincaré, suppose dans une certaine mesure la croyance à l'unité et à la simplicité de la nature... ; des réserves peuvent être faites sur cette simplicité... mais pour l'unité il ne peut y avoir de difficultés. Si les diverses parties de l'univers n'étaient pas comme les organes d'un même corps, elles n'agiraient pas les unes sur les autres, elles s'ignoreraient mutuellement, et nous en particulier nous n'en connaîtrions qu'une seule. Nous n'avons donc pas à nous demander si la nature est une, mais comment elle est une » (1).

On verra par la suite que la forme de monisme invoquée par le grand mathématicien est la seule dont il soit question dans ce livre et dont nous ayons, par conséquent, à nous préoccuper.

La morphologie humaine ne fait pas davantage appel à un transformisme intégral. Si nous avons par la suite à dire quelques mots des restrictions aujourd'hui suscitées par la théorie de la *Descendance*, ce sera seulement pour les envisager dans leurs rapports avec l'espèce humaine et ses variations individuelles.

(1) *Science et Méthode.*

CHAPITRE II

La symbolique et la philosophie biologique dans les cosmogonies antiques

1. — *Morphologie et Esotérisme.*

Jusqu'ici, c'est moins comme moteur que comme force latente que nous avons vu l'idée d'évolution servir de support aux premières spéculations relatives aux origines. Chez les Orientaux, elle ne devait jamais acquérir de forme plus précise que celle que prête aux choses qu'il enveloppe le brouillard panthéiste. Mais le morphologiste retrouve dans les doctrines ésotériques de tous les peuples et de toutes les époques la trace d'idées qui lui sont chères. Toujours, en effet, l'homme a cherché en lui-même un reflet de l'univers. Ce besoin a trouvé son expression dans les termes de *microcosme* et de *macrocosme* qui sont en quelque sorte la synthèse des aspirations fondamentales de l'intelligence.

Le monde apparut à la plupart des fondateurs de religions comme le présent ou la forme tan-

gible d'une Trinité sacrée (1), dont le symbole est
« empreint dans la physionomie comme image
de Dieu » (2).

C'est ainsi que « l'organon de l'architectoni-
que humaine » correspond, si nous en croyons
le commentateur digne de foi auquel est empruntée la citation précédente, à l' « organon mystique des anciens indiens » ; le « premier ternaire » (premier principe de la Trinité), y apparaît « comme enveloppe *animique*, comme cerveau, comme... Brahma... ; le second ternaire,
comme enveloppe *ignée*, comme cœur, comme
Wischnou avec son cercle de feu, le troisième
comme enveloppe corporelle, estomac, de même
que Schiwa dans la création et la destruction ».

Or, cette idée du cœur envisagé comme situé
au centre d'une forteresse protectrice (idée explicitement formulée dans la littérature sacrée de
l'Inde), nous la retrouvons chez les morphologistes modernes, non parce que ceux-ci l'ont
empruntée aux Védas, mais parce que les mythes
primitifs sont la projection de rapports réels
perçus plus ou moins consciemment.

(1) Le Soleil, la Lune et la Terre ; Brahma, Wischnou et Shiva ;
Isis, Osiris et Horus ; le Père, le Fils et le Saint-Esprit. Nous
empruntons ces notions et toute la substance de la première partie de ce chapitre à l'intéressant ouvrage du docteur Encausse,
La Kabbale, par lequel nous avons aussi été amenés à lire l'ouvrage de Malfatti.

(2) Malfatti de Montereggio. *La Mathèse ;* l'auteur dit avoir consacré 36 ans à l'étude des livres qu'il commente.

On trouve aussi dans les livres des théosophes modernes, dont les éléments appartiennent moins à la mystique hindoue qu'à celles d'autres peuples anciens, des notions utilisées par la biologie. L'univers y est, par exemple, envisagé comme un ensemble de vibrations perceptibles à l'œil grand ouvert d'une divinité supérieure. Quelques-unes de ces vibrations sont transformées par l'organisme en sensations qui deviennent la source d'un nouveau cycle vibratoire. Il serait facile d'identifier cet œil tout-puissant pour lequel l'univers se résout en une sorte de tissu dynamique, à la perception intuitive d'une relation entre la forme et la fonction. Mais ce sont là correspondances subtiles, intéressantes seulement pour celui qu'émeuvent la continuité et les similitudes de l'effort humain. La théorie des trois principes, au contraire, apparaît au morphologiste comme une sorte de flamme couvant sous la cendre, qui, à travers les doctrines ésotériques aurait fécondé la science. Car ces trois principes correspondent à la subdivision de l'organisme en trois régions principales, la Tête, le Ventre et la Poitrine, qu'un auteur du IIe siècle appelle « les trois mères dans l'homme ».

Dans toutes les archives où s'abritent les traditions orales transmises de génération en génération depuis les temps les plus reculés — Zend Avesta, Kabbale juive ou Tarot des bohémiens — il est surtout question de principes siégeant dans les régions *céphalique, thoracique, abdominale ;* le premier est un centre psychique ou intellectuel, le second un centre vital, le troisième un centre sensitif, support de l'organisme physique. Sans doute, ce ne sont là que des variantes de la théorie des trois âmes empruntée par Platon aux pythagoriciens. Mais on peut se demander si Pythagore n'en a pas puisé l'idée première dans les cosmogonies orientales, qui sont la source des systèmes philosophiques grecs. Quoi qu'il en soit — et c'est là le point intéressant pour nous — la curiosité primitive « fonda une science à laquelle la nôtre se rattache par un lien continu » (Sageret) beaucoup plus réel et direct que ne le ferait croire la simple comparaison des théories cosmogoniques antiques et modernes, puisque, ainsi que l'établissent la plupart des commentateurs, les idées évolutionistes ont tout d'abord été émises par les philosophes du XVIII° siècle qui en avaient trouvé le germe chez les penseurs grecs.

2. — *La philosophie biologique chez les Grecs.*

A. La philosophie biologique de Platon.
B. —   —   —   — d'Hippocrate.
C. La physiognomique et la morphologie grecques.
D. La philosophie biologique des méthodistes.
E. —   —   —   d'Aristote et de Gallen.

A) Les âmes de Platon auxquelles nous venons de faire allusion, correspondaient à ce que nous appelons aujourd'hui des *facultés*. C'étaient, nous dit Galien, « l'âme *rationnelle* qui a son siège dans le cerveau et préside aux mouvements volontaires et de plus aux cinq sens : la *concupiscible*, qui habite le foie et tient sous sa dépendance le sang, les veines, la nutrition du corps… *l'énergique* qui réside dans le *cœur* et dirige les artères, la chaleur innée, le pouls et les penchants généreux… La partie virile et courageuse de l'âme, sa partie belliqueuse, est logée près de la tête pour que, soumise à la raison et de concert avec elle, elle puisse dompter les révoltes des passions et des désirs lorsque ceux-ci ne veulent pas obéir d'eux-mêmes aux ordres que la raison leur envoie du haut de sa citadelle ; l'âme concupiscible a été attachée dans ce qu'on appelle le bas ventre, comme une bête féroce qu'il est pourtant nécessaire de nourrir pour que la race mortelle subsiste ; des replis intestinaux forment autour d'elle une sorte de citadelle qui l'empêche de traverser trop rapidement le corps, ce qui, en nous rendant gourmands et insatiables nous détournerait de la philosophie et des muses, et de l'obéissance que nous devons à ce qu'il y a en nous de divin ».

On peut placer cette conception aux origines de la division des tempéraments en *Céphaliques*, *Thoraciques et Hypochondriaques*, laquelle est elle-même la source plus ou moins directe des classifications dont nous parlerons par la suite. Chacune des âmes de Platon a en effet une individualité particulière : « l'âme rationnelle désire la vertu, la science, les études, la compréhension, la mémoire ; le désir de la liberté, de la victoire, de la puissance, de la domination, de la considération publique, des honneurs, est le partage de l'âme irascible ; l'âme concupiscible a un désir insatiable des plaisirs de l'amour, des aliments et des boissons ».

Que l'une de ces entités vienne à prendre dans un organisme donné une place prépondérante et nous voilà en présence d'une théorie des tempéraments qui, d'abord psychologique, sera, dans la suite des temps, étendue à la pathologie. Or la supposition n'est pas gratuite puisque la notion de prédominance est la substance même de la philosophie grecque. Les penseurs grecs ne se contentaient pas d'estimer avec Parménide que « la nature des organes fait celle de la pensée, et que l'élément prédominant en détermine le caractère », ils avaient donné à cette notion ses plus importantes applications pratiques qui sont de chercher dans la nature des influences ambiantes le secret des instincts, et dans l'obéissance aux instincts, le secret du bonheur.

B) « Excepté les forces aveugles de la nature, a dit un historien, rien ne se meut dans cet univers qui ne soit grec par son origine ». La théorie qui a présidé à l'édification des sciences biologiques, la *théorie des Milieux*, n'est pas seulement en germe dans la philosophie grecque. Elle a été, comme on sait, formulée par un des auteurs de la collection hippocratique avec une précision qui ne devait plus laisser à Montesquieu, lorsqu'à son tour il mit en lumière le rôle des facteurs telluriques dans la genèse des caractéristiques ethniques, que la gloire d'être le plus remarquable commentateur de l'immortel *Traité des Airs, des Eaux et des Lieux*:

« Penses-tu qu'on puisse comprendre jusqu'à un certain point la nature de l'âme sans étudier la nature de l'ensemble des choses ? » demande Socrate dans le *Phèdre* de Platon. Et Phèdre répond : « Si l'on en croit Hippocrate, le fils des Asclépiades, on ne peut comprendre même la nature du corps sans cette méthode. »

Cette citation est suffisante pour faire comprendre qu'on ait pu voir dans l'œuvre hippocratique « la narration simple, élevée, logique, des faits et gestes de la nature vivante dans leur enchaînement et dépendance mutuels » (Chauffard).

Si nous insistons sur ces faits si connus, si nous disons que les auteurs hippocratiques ont rattaché le développement de la stature, de la musculature et du courage à l'influence de violentes variations saisonnières, de vents froids et de terrains accidentés ; enregistré quelques-uns des effets physiologiques de l'humidité et de la sécheresse, proclamé l'importance du rôle physiologique de l'habitude ; qu'ils ont connu le principe de la percussion, la signification de quelques bruits thoraciques et même le procédé de la succussion qui est employé par les médecins morphologistes modernes (1), c'est pour mieux saluer en eux les précurseurs des cliniciens auxquels cette étude est consacrée.

De la comparaison de l'œuvre antique et de l'œuvre moderne, surgit cette notion que, envisagés au point de vue de l'esprit qui les anime, l'idéal entrevu par la médecine à son aurore et celui qui lui est aujourd'hui assigné, se superposent l'un à l'autre assez exactement pour ne pas laisser voir entre eux de solution de continuité : tous deux ont pour objet « l'homme vivant, c'est-à-dire subissant l'action des excitations qui lui viennent du monde extérieur » (Sigaud et Vincent) ; tous deux aussi demandent aux formes extérieures la révélation du tempérament.

C) Aristote, Anaxagore, Ptolémée, Pythagore, Hippocrate, Galien étudient la chiromancie (interprétation des lignes de la main), la chiromognie (interprétation de la forme de la main) et la physiognomonique. S'ils ne craignaient pas de conclure de l'aspect extérieur d'un nez recourbé à la possession d'un courage pareil à celui de l'aigle, si le prognathisme des mâchoires

(1) La succussion est le procédé qui consiste à imprimer une secousse au tronc des malades pour percevoir le bruit des liquides contenus dans les cavités organiques.

les inclinait à attribuer à l'individu qu'il affecte une stupidité analogue à celle du porc, ils faisaient aussi des déductions moins fantaisistes. Hippocrate estimait, par exemple, que la forme spatulée des dernières phalanges était souvent un symptôme de phtisie et on donne encore le nom de « doigt hippocratique » à une déformation de la phalangette (surtout de la phalangette de l'index) en baguette de tambour.

Mais la morphologie était surtout cultivée par les gymnasiarques et les gymnastes auxquels était confiée l'éducation des athlètes. Les gymnasiarques, directeurs généraux des gymnases, étaient des médecins morphologistes ; les gymnastes devaient joindre aux qualités que nous demandons aujourd'hui à un professeur de sport les connaissances médicales permettant de faire varier le régime alimentaire, le genre de vie et la modalité des exercices physiques avec la conformation du corps ; il leur fallait pour cela, dit Philostrate, posséder « toute la science physiognomonique »... Quand même les juges ignoreraient « les qualités physiques et morales du jeune homme qui se présente devant eux, les lois ne leur feraient pas le moindre reproche ; mais le gymnaste doit savoir tout cela.

Etant en quelque façon le juge de l'état naturel de l'athlète, il doit lire le caractère dans les yeux, qui dénotent les hommes mous ou actifs ; les dissimulés, les moins courageux et les incontiments. En effet le caractère est bien différent chez les individus aux yeux noirs, aux yeux brillants, bleus, marqués de sang, aux yeux jaunâtres, bigarrés, saillants ou enfoncés ; car la nature indique les saisons par les astres et les caractères par les yeux. » (Philostrate) (1).

C) Toutes ces données, dont quelques-unes seront retrouvées dans l'œuvre des morphologistes modernes, nous montrent dans la notion de tempérament une émanation naturelle du génie grec. Le peuple qui, avec Pythagore, avait conçu la matière comme un revêtement du nombre et de la mesure, qui, avec Leucippe, Démocrite et Epicure, avait ramené la totalité des corps existants à des différences dans la combinaison de quelques éléments fondamentaux, ce peuple devait naturellement voir dans la santé et la maladie les manifestations respectives de l'harmonie et de la désharmonie qui, dans un organisme donné, président à la répartition des forces et principes auxquels était à ces époques confié l'accomplissement des fonctions vitales.

A ces vagues entités substituons les appareils organiques découverts par la physiologie, et nous nous trouverons en face d'un idéal absolument rationnel.

« La vieille doctrine des tempéraments, dit Gio-

(1) Cité d'après Mac Auliffe. *La Thérapeutique physique d'autre fois.*

vanni, l'un des médecins dont nous parlerons par la suite, apparaît comme remarquable si l'on tient compte de l'époque à laquelle elle régna et si on l'envisage dans son principe ; elle avait pour but de déterminer le mode d'association, le rôle respectif et la situation hiérarchique des diverses parties de l'organisme dans chaque individu, c'est-à-dire la prédominance correspondant aux diverses constitutions et les processus morbides virtuellement ou manifestement inclus dans ces diverses combinaisons. »

Des deux plus anciennes classifications de tempéraments, la plus célèbre n'est pas la division en *Céphaliques*, *Thoraciques* et *Hipochondriaques* : c'est celle qui est relative à la prédominance des humeurs ou *crases*, et établit l'existence des constitutions *sanguine*, *bilieuse* et *phlegmatique*. Cependant les médecins hippocratiques eux-mêmes, chez lesquels elle était en honneur, n'étaient pas exclusivement humoristes. « Il est bien vrai que le corps contient des humeurs, disaient-ils, mais, à la vérité, elles proviennent des solides. » Avec *Asclepiade de Bythinie*, chef de l'école des méthodistes, cette conception se généralise : la médecine n'a plus d'autre but que « d'agrandir les pores quand ils sont trop resserrés par suite de la constriction des tissus, ou de les rapetisser quand ils sont trop ouverts. » (Renouard) (1).

____

(1) *Histoire de la Médecine.*

C'est là la première apparition d'une des plus fécondes et légitimes aspirations de la médecine, celle qui consiste à établir entre les manifestations pathologiques non des différences, mais des analogies, c'est-à-dire à rechercher *ce qu'elles ont de commun*. Nous retrouverons non seulement le principe des méthodistes, mais l'idée même du resserrement et du relâchement des tissus envisagés comme source de perturbations organiques, dans la médecine du xviii° siècle et surtout dans celle des morphologistes modernes.

D) Comme le fait remarquer M. Edmond Perrier, le plus beau titre de gloire d'Aristote est d'avoir prévu toutes les directions dans lesquelles devait s'exercer la sagacité des chercheurs de l'avenir pour faire germer sur le sol de la science l'arbre constitué par les diverses branches de la biologie.

L'œuvre du philosophe grec est une des preuves les plus frappantes des affinités existant entre le génie grec et le génie français, tous deux faits de clarté et de logique : elle est en effet l'apport d'une science édifiée dans la suite des temps par des Français, *l'anatomie philosophique*, mère de l'anatomie comparée et de la phylogénie, qui apparaît pour la première fois dans Pierre Belon, reçoit de Vicq d'Azyr ses méthodes, de Buffon, Cuvier, Lamarck et Geoffroy-Saint-Hilaire ses données fondamentales, et de Sigaud les principes qui permettent de l'appliquer au perfectionnement de la race humaine (1).

Ceux des principes d'anatomie philosophique établis par Aristote, qui seront retrouvés dans la morphologie humaine, sont : la *théorie des Milieux*, la loi de *compensation* ou *balancement organique* et la loi de *subordination des caractères*. La théorie des Milieux est évoquée par toutes les considérations relatives à l'influence du milieu sur la formation des espèces animales ; la loi de balancement organique est explicitement formulée dans la phrase : « la nature n'agrandit jamais un organe qu'aux dépens d'un autre » ; enfin l'idée de subordination des caractères est implicitement incluse dans des constatations comme celles-ci : « les animaux sans pieds, à deux pieds, à quatre pieds ont du sang ; tous ceux qui ont plus de quatre pieds ont de la lymphe. Les insectes qui ont une langue n'ont pas de mâchoires. »

Aristote se rattache encore à l'histoire de notre science par ses théories eudémoniques : « toutes les fois que l'homme agira conformément à sa vraie nature, dit-il, le plaisir sera vrai, profond,

(1) Nous ne citons ici que les auteurs dont les travaux ont plus ou moins directement conditionné l'édification de la morphologie humaine. Pour l'histoire de l'anatomie philosophique, définie par Sappey « celle qui s'élève de la connaissance et du rapprochement des faits particuliers aux lois générales de l'organisation » et par Encausse « la détermination analogique des lois de l'organisation », on consultera avec fruit l'ouvrage du docteur Encausse. *L'anatomie philosophique et ses divisions.*

intense. Et si son activité tout entière est réglée d'une manière conforme à sa nature, il y aura pour lui une source continue de joie. »

Nous retrouverons cette notion qui semble n'appartenir qu'à l'histoire de l'éthique, dans l'œuvre des morphologistes modernes où nous verrons se rejoindre en elle l'hygiène physique et l'hygiène morale.

Galien développe les opinions d'Hippocrate sur le rôle de l'habitude dans les manifestations physiologiques et pathologiques, celles de Platon sur le tempérament, et celles d'Aristote sur la morphologie et la physiognomonique (1), conclut du principe des causes finales à l'adaptation de l'organe à la fonction et de celle-ci au principe qui est à l'origine de la morphologie, et auquel il donne un énoncé analogue à celui formulé dans les temps modernes par Gœthe et Cuvier :

« Tous les animaux qui accomplissent les mêmes actions et qui ont les mêmes formes extérieures possèdent la même organisation, de telle sorte qu'en examinant un animal pour la première fois, on peut, sans dissection, deviner sa structure intérieure, et cela sera plus facile encore si

---

(1) On doute très fortement de l'authenticité de ceux des ouvrages d'Aristote qui sont consacrés exclusivement à la physiognomonique. Mais le livre Ier de l'*Histoire des Animaux* contient des aperçus relatifs à cette science. On ignore quel est l'ouvrage commenté par Galien.

on peut le suivre dans l'accomplissement de ses fonctions. » (Cuvier).

3. — *La théorie du Retour éternel et l'évolution des sciences.*

Nous avons maintenant accompli la première étape de notre voyage historique. Nul besoin de le poursuivre plus avant pour voir dans l'évolution de la biologie l'expression d'un « retour éternel » dont les données de la morphologie humaine accentueront encore l'évidence. Mais ce qu'il est nécessaire de faire remarquer, c'est que celui-ci est perceptible dans tous les chapitres de l'histoire des idées. Les transmutations de matière réalisées par les modernes sont le prolongement de celles qui hantèrent le cerveau des alchimistes du Moyen Age ; l'éther de nos physiciens est analogue dans son principe au « circum-fusa » des anciens, et la « morale nouvelle » qui est rendue responsable de tant d'errements, est faite de vérités reconquises sur le passé.

Beaucoup estiment, il est vrai, que les rapprochements de cet ordre sont superficiels. « Quels rapports peut-on établir, nous disent-ils, entre de vagues postulats et des théories qui ne sont que la généralisation de faits observés ? Du monisme des philosophes ioniens aux déductions de Kant et de Laplace, des rêveries d'Empédocle aux solides concordances fournies par les données de la paléontologie, de la taxinomie et de l'embryogénie, il y a toute la distance d'un conte de nourrice à une argumentation scientifique. Quant aux points de vue qui dans celle-ci évoquent le souvenir du conte, ce sont les cimes brumeuses qui s'offrent aux regards de la pensée, lorsque, du haut de la montagne péniblement gravie, elle contemple les horizons où se dessinent les synthèses. »

Pour être juste, il faut ajouter à ces considérations que, si les anciens eussent possédé nos moyens d'investigation, ils fussent sans doute parvenus à des conclusions aussi précises que les nôtres. Cependant, nous rapporterons volontiers au nombre restreint des hypothèses applicables aux origines, le cycle toujours renouvelé qui donne au progrès la forme d'une spirale. Il n'en est pas moins vrai — et la suite de cette étude le démontrera — que les liens existant entre l'idéal antique et l'idéal moderne sont aussi réels dans le domaine de la médecine, que dans celui de l'éthique où nul ne songe à les contester.

Aussi bien est-il fort naturel que le point de jonction qui permet la réalisation du cycle éternel soit fourni ici par la morphologie humaine. Des penseurs individualistes non embarrassés de théories devaient ressentir avec une intensité particulière le besoin d'établir des relations entre l'individualité et l'aspect extérieur du corps.

Mais voici venir le moment où l'on va cesser de demander à la connaissance de soi-même et de l'univers les éléments de la sagesse. « Le rêve de souple continuité qui berce l'esprit de l'homme depuis qu'il pense » (Houssay), vient d'être interrompu par un autre songe : un ciel bleu en lequel trône un père Eternel, environné d'anges, et où aucune place n'est réservée à nos frères inférieurs, les animaux. La foi, cette forme suprême de l'espérance inventée par le désespoir, est venue creuser un abîme entre la créature pensante et sa mère la nature, qui sont dès lors considérées comme deux unités hétérogènes.

CHAPITRE III

Le Transformisme pendant le Moyen Age, la Renaissance et le XVIIe siècle.

A. L'idée d'évolution dans la symbolique chrétienne.

B. Premières apparitions des notions de parenté physiologique des êtres et de descendance dans les classifications zoologiques et les systèmes cosmologiques.

C. L'idée de Transformisme dans Bacon, Descartes, Pascal et Leibnitz.

A) Une grande idée, celle de la genèse marine, survécut, nous dit-on, au naufrage du rationalisme (1). Elle se réfugia « dans la symbolique chrétienne » qu'elle « marqua d'une empreinte profonde ».

Son symbole central est le pulpe, qu'on voit déjà figurer parmi les symboles du culte d'Aphrodite (2); celui-ci a engendré la figure

(1) Voir Houssay. *L'idée d'Evolution dans l'Antiquité et le Moyen Age*. Revue des Idées, n° 24. Décembre 1905. Les quelques citations suivantes non identifiées sont empruntées à cet article.

(2) Voir Houssay. *Les théories de la Genèse à Mycènes*.

ornementale dite « croix gammée... dont on retrouve les traces en Europe, en Asie et même en Afrique, depuis l'époque mycénienne jusqu'au XIXe siècle de notre èr... ».

Toute l'iconographie antique et moyenâgeuse est d'ailleurs révélatrice de préoccupations relatives à l'origine commune des êtres vivants et aux convergences de leurs formes.

Ce point de vue trouve son expression dans les poissons à tête d'oiseau ou de mammifère qui illustrent l'architecture des XIIe et XIIIe siècles, et aussi dans quelques prescriptions liturgiques.

« Si les oiseaux aquatiques, sarcelles, poules d'eau, canards sauvages sont autorisés parmi les aliments maigres, c'est parce qu'ils ont été considérés comme des poissons, ou peu s'en faut ».

B) Moins hétérodoxe que celle de *filiation*, l'idée de *parenté physiologique* entre les êtres pouvait plus facilement se glisser dans le domaine de la logique. Très caractéristiques furent à ce point de vue les comparaisons faites par *Ambroise Paré* entre le squelette des oiseaux et celui des mammifères, l'*Histoire de la nature des oiseaux* de *Pierre Belon*, où figuraient un squelette d'oiseau et un squelette d'homme dans lesquels les os qui paraissaient correspondants étaient désignés par des lettres analogues « pour faire apparoistre combien l'affinité est grande des uns aux autres » et l'*Histoire universelle des poissons*, de Rondelet, dans laquelle on trouve « un véritable essai de classification naturelle. » (Edmond Perrier) (1).

Environ un demi siècle plus tard, l'allemand Jacob Boehme ayant étudié dans son échope de cordonnier Copernic, Paracelse et Luther, écrit l'*Aurore au lever*, dans lequel figure pour la première fois le mot « auswickelung », plus tard transformé en « entvikelung », (développement ou évolution) dont on connaît l'extraordinaire fortune. A la même époque, Vanini « publie l'œuvre pour laquelle il fut condamné à avoir la langue coupée et à être brûlé à feu lent, *De admirandis naturæ arcanis*, où il admet que les plantes et les animaux ont pu se former par génération spontanée aux dépens des substances organiques en fermentation (*ex putredine*) ou par transformation d'autres organismes... compare la variation des plantes sous l'action de la culture, ainsi que les changements qui s'opèrent au cours d'une embryologie avec l'évolution des espèces... reconnaît qu'il y a une grande affinité entre l'homme et le singe et croit à une dérivation directe » (Cuénot) (2).

Nous sommes arrivés à l'époque où l'esprit de libre examen, soufflant où il veut, désagrège, tantôt violemment, tantôt insidieusement, le bloc des traditions philosophiques et religieuses. Bri-

---

(1) *La philosophie zoologique avant Darwin.*
(2) *La Genèse des espèces animales.*

sée par le génie des mathématiciens, la voûte de cristal qui jusqu'alors protégeait la terre, s'est transformée en une poussière étincelante dont chaque grain est un monde. L'un de ces mondes emporte l'intelligence humaine dans un voyage toujours renouvelé à travers l'infini, et celle-ci qui, depuis de longs siècles, n'osait se mouvoir en dehors du cercle tracé par Aristote, prend progressivement conscience de ses droits à une vie autonome, ou plutôt à une *renaissance* qui a donné son nom à l'époque ou elle se manifesta.

Les idées révolutionnaires et monistiques de Giordano-Bruno, par exemple, ne sont pas seulement relatives au système du monde ; il exprime aussi l'idée que le serpent acquerrait une mentalité humaine si ses formes devenaient celles d'un homme et qu'au contraire l'homme qui serait transformé en serpent au point de vue extérieur aurait aussi l'individualité de cet animal parce que, « suivant les différentes positions de la matière, suivant les différences des organes, les êtres vivants sont pourvus de sortes différentes d'intelligence et de fonctions différentes » (1).

C) *Bacon*, dont le génie et l'influence apparaissent aujourd'hui fort diminués, a cependant la gloire d'avoir condensé l'expérience des siècles futurs dans la parole célèbre : « On ne commande

____

(1) Cité d'après Ingénieros. *Principes de psychologie biologique.*

à la nature qu'en lui obéissant ». Il a encore à la reconnaissance des morphologistes un titre plus direct représenté par sa conception de la maladie.

« Les cœurs, les foies et les ventricules (estomacs), sont susceptibles, dit-il, d'autant de différences dans les divers individus que les fronts, les nez et les oreilles. Or c'est dans ces différences mêmes que consistent trop souvent les causes continues d'une infinité de maladies (1), alors qu'on incrimine les humeurs ». C'est lui aussi qui, l'un des premiers, a recommandé de « tenter les métamorphoses des organes et de rechercher en faisant varier les espèces comment elles se sont multipliées et diversifiées » (2).

Cette idée de la transformation possible des espèces s'impose d'ailleurs peu à peu à l'esprit des penseurs.

« Pourvu, écrit Descartes, qu'ayant établi les lois de la nature, il lui prêtât son concours pour agir ainsi qu'elle a de coutume, on peut croire, sans faire tort au miracle de la création, que par cela seul toutes les choses qui sont purement matérielles avaient pu, avec le temps, s'y rendre telles que nous les voyons à présent, et leur nature est bien plus aisée à concevoir lorsqu'on les voit naître peu à peu que lorsqu'on ne les considère que toutes faites ».

(1) Cité d'après Eymin. *Médecins et philosophes.*
(2) Cité d'après Edmond Perrier. *La philosophie zoologique avant Darwin.*

Deux siècles plus tard, Diderot exprimera la même idée, presque dans les mêmes termes. Mais il nous faut, avant d'arriver au xviii° siècle, saluer deux des plus grands génies qui aient eu la prescience de l'évolutionisme : Pascal et Leibnitz.

Pascal a écrit la phrase célèbre et prodigieuse pour l'époque — puisqu'elle pourrait servir d'épigraphe à l'œuvre de M. Le Dantec. — : « On dit que l'habitude est une seconde nature, et aussi la nature n'est qu'une première habitude » (1).

Leibnitz peut être considéré comme le véritable promoteur des idées transformistes. Celles-ci « ont pris naissance au sommet de la philosophie leibnitzienne » (Papillon), dominée elle-même par les notions *d'individualisme* et de *continuité*.

Comment concilier l'indépendance et la convergence des mécanismes cosmiques ? D'une part, tous les individus sont dissemblables en tant que représentants de combinaisons une seule fois réalisées ; d'autre part, on perçoit dans le perfectionnement organique des espèces une gradation insensible. On peut donc se demander « si jamais un animal tout à fait nouveau est produit », et si tout ce qui existe n'est pas dû à l'agglomération d'unités impérissables et éternelles, douées d'ac-

(1) Si l'on en croit Isidore Geoffroy Saint-Hilaire, Pascal aurait aussi écrit cette phrase. « Les êtres animés n'étaient à leur début que des individus informes et ambigus dont les circonstances permanentes au milieu desquelles ils vivaient ont décidé originairement la constitution. Mais on ne la retrouve pas dans les diverses éditions modernes de Pascal.

livité autonome, mais dont le fonctionnement est rendu solidaire par une harmonie préétablie : telle est la genèse de la *monade*, ancêtre de la cellule, et sœur de l'électron.

L'idée d'harmonie préétablie vivifie encore actuellement la science sous le nom de *synergie ;* la notion de continuité a trouvé sa plus parfaite expression dans l'aphorisme célèbre « *natura non facit saltus* » qui a présidé par la suite au développement des sciences naturelles. Elle a amené Leibnitz à admettre l'existence d'espèces « équivoques, » (dites aujourd'hui de transition), c'est-à-dire « douées de caractères paraissant se rapporter aux espèces voisines ».

CHAPITRE IV

La théorie des Milieux et l'idée d'Evolution chez les philosophes et les sociologues du XVIIIe siècle.

1. — *La philosophie biologique*

A. L'idée de Transformisme dans Diderot et Buffon.

B. La méthodologie de l'anatomie philosophique établie par Vicq d'Azyr ; l'influence de l'usage sur le développement des organes proclamée par Erasme Darwin et Cabanis.

C. Les principes de la morphologie générale posés par Goethe.

A) C'est dans l'œuvre de Diderot que nous retrouverons tout d'abord l'idée de Transformisme.

« Si la foi, disait-il, ne nous apprenait pas que les animaux sont sortis des mains du Créateur tels que nous les voyons, et s'il était permis d'avoir la moindre certitude sur leur commencement et leur fin, le philosophe, abandonné à ses conjectures, ne pourrait-il pas soupçonner que l'animal avait de toute éternité ses éléments particuliers épars et confondus dans la masse de la matière, qu'il est arrivé à ces éléments de se réunir parce qu'il était possible que cela se fît ; que l'embryon formé de ces éléments a passé par une infinité d'organisations et de développements ; qu'il a eu par succession du mouvement, de la sensibilité, des idées, de la réflexion, de la conscience, des sentiments, des passions, des signes, des gestes, des sons articulés, un langage, des lois, des sciences et des arts ? » « Heureusement, ajoute-t-il, la religion nous épargne bien des écarts et bien des travaux ».

Mais Diderot a fait plus que prévoir le Transformisme. Il a énoncé dans le *Rêve de D'Alembert* la théorie que Lamarck a rendue célèbre, et ceci en une formule moins absolue que celle du grand naturaliste, et s'adaptant pour cette raison plus parfaitement qu'elle à l'ensemble des conceptions modernes (1). « Les organes produisent les besoins, dit-il, et réciproquement les besoins produisent les organes » ; enfin Diderot a aussi, l'un des premiers parmi les modernes, exprimé l'idée de « *balancement organique* » qui devait jouer un si grand rôle dans l'édification de la biologie.

« Il est évident, dit-il, que la nature n'a pu conserver tant de ressemblance dans les parties et affecter tant de variété dans les formes sans avoir souvent rendu sensible dans un être organisé ce

(1) Voir page 58, les restrictions apportées aujourd'hui à la loi de Lamarck.

qu'elle a dérobé dans un autre. C'est une femme qui aime à se travestir et dont les différents déguisements laissent échapper tantôt une partie, tantôt une autre, donnant quelque espoir de connaître un jour toute sa personne ».

Dans l'œuvre de Buffon, les mêmes idées revêtent un cachet particulier de majesté ; la plupart des théories transformistes modernes y sont plus ou moins explicitement formulées ; il a le premier envisagé la morphologie des espèces et des races dans leurs rapports avec leur distribution géographique, et énoncé avant Cuvier le principe des *variations corrélatives* ou *subordination des caractères*.

« Une légère différence dans ce centre de l'économie animale (le cœur) est toujours, dit-il, accompagnée d'une différence infiniment plus grande dans les parties extérieures ».

B) Vicq d'Azyr a apporté à l'anatomie philosophique des *méthodes* et un *but défini ;* il a posé avant Auguste Comte les principes de la mésologie (vu, par exemple, dans la forme des pieds et des doigts l'expression des rapports de l'animal avec le milieu où il vit) ; apporté de grands développements à l'idée de *subordination des caractères* (dont il fait surtout l'application à la morphologie des dents chez les carnivores) ; indiqué les directions dans lesquelles devait s'engager l'anatomie comparée pour acquérir une portée véritable et enfin proposé d'instituer à côté d'elle une science « qui ne s'occuperait uniquement que des rapports qu'ont entre elles les parties d'un même individu ». Toutefois, il faut faire remarquer que cette dernière idée était mise par lui au service de l'*anatomie générale* (homologie des diverses parties de l'organisme) et de la *taxinomie* (unité de type), non à celui de la *morphologie individuelle*.

Erasme Darwin et Cabanis méritent plutôt d'être cités parmi les précurseurs des morphologistes. Le premier a, avant Lamarck et Charles Darwin, mis en lumière l'influence de l'usage sur le développement des organes, citant à l'appui de sa thèse les bras musclés du rameur et du forgeron, le thorax développé des marins ; le second a, de façon générale, appelé l'attention sur la spécificité des réactions individuelles et sur le rôle de l'habitude dans la genèse des caractères transmis par l'hérédité.

C) Le nom qui se présente maintenant à nous lorsque nous nous efforçons de respecter l'ordre chronologique autant que le permet l'expression simultanée des opinions qui constituent l'ambiance intellectuelle d'une époque (1), est celui

(1) « Goethe en Allemagne, Erasme Darwin en Angleterre et Geoffroy Saint-Hilaire en France arrivent dans les années 1794-1705 à la même conclusion sur l'origine des Espèces » (Ch. Darwin). Lamarck inaugure le xix⁰ siècle aussi bien au point

du grand poète Gœthe, en qui nous saluerons le parrain de la science dont nous nous occupons. Dire qu'il a introduit dans la terminologie le terme « *morphologie* », c'est constater implicitement qu'il a perçu plus nettement qu'on ne l'avait fait avant lui le principe de cette science qui est *le rapport de la forme à la fonction*.

« Les savants ont de tout temps, dit-il, senti la nécessité d'embrasser l'ensemble des parties extérieures du corps qui sont visibles et tangibles pour déduire leur structure intérieure et dominer pour ainsi dire le tout par l'intuition ».

Nous ne nous étendrons pas ici sur les déductions par lesquelles Gœthe a été amené à voir dans les divers organes de la plante, puis dans les différents anneaux du corps des insectes, le résultat des métamorphoses d'un même organe fondamental (1), et sur l'extension de ces idées aux rapports de la vertèbre et du cerveau (2) ; nous rappellerons seulement que Haeckel a mis en lumière l'une des gloires de Gœthe natura-

de vue chronologique (sa première publication date de 1801) qu'à celui de l'histoire des idées. Son œuvre, qui a eu sur l'évolution de la biologie et de la médecine une influence décisive et prépondérante, fera l'objet d'un chapitre spécial; Geoffroy Saint-Hilaire, appartient aussi au xix⁰ siècle; nous le retrouverons dans les pages suivantes.

(1) En ce qui concerne la plante, le fait avait déjà été perçu par l'embryologiste Wolff.

(2) Ceux-ci ont en outre été établis par le philosophe naturaliste allemand Oken. Les deux découvertes paraissent être indépendantes.

liste, celle d'avoir fait intervenir dans la formation des espèces deux forces formatrices : *la tendance à la métamorphose*, qui correspond à ce que nous appelons aujourd'hui l'*adaptation*, et la force centripète ou *spécification*, équivalent de l'*hérédité*. Enfin, nous saluons encore en Gœthe un des vulgarisateurs de l'idée de *balancement organique*.

« Les chapitres du budget qui doit régler les dépenses de la nature sont fixés d'avance, dit-il, mais elle est libre, dans certaines limites, de répartir ses dépenses comme il lui plaît ; si elle veut dépenser davantage d'un côté, elle ne rencontre pas d'obstacles, mais elle est forcée de se restreindre sur un autre point : c'est ainsi que la nature ne peut jamais s'endetter, ni faire faillite ».

Gœthe ne doit pas toutefois être rangé parmi ceux qui ont considéré les espèces comme issues les unes des autres. Il appartient moins à l'histoire du transformisme qu'à celle de la morphologie.

2. — *Application de la théorie des milieux aux sciences sociales*

Longtemps avant que se soient entr'ouvertes les grandioses perspectives dont nous venons de parler, la théorie des milieux avait été plus ou moins explicitement invoquée par les sociologues. Les uns l'appliquaient à l'éducation, les autres, comme Voltaire (*Essai sur les mœurs et l'esprit des nations*) et Montesquieu *(l'Esprit des Lois)* à l'organisation des sociétés.

Montesquieu ne fit, il est vrai, que développer le traité hippocratique *des Airs, des Eaux et des Lieux*, mais il exerça sur la diffusion des idées une influence considérable.

Dans son œuvre, dit excellemment M. Faguet, « les peuples sont des fourmilières à qui le sol qu'elles habitent donne leur tempérament, leur complexion, leur allure, leur démarche, leurs lois ».

On peut faire remonter à Montesquieu l'évolution actuelle des sciences ethnographiques dont nous dirons quelques mots par la suite, et rapprocher cette impulsion de celle apportée à la géographie par l'allemand Ritter qui le premier élargit le domaine de cette dernière science jusqu'à l'envisager dans ses rapports avec l'histoire, le développement de l'industrie, les productions du sol, etc., etc.

L'*Emile*, de Rousseau, est conçu dans le même esprit que l'œuvre de Montesquieu, puisque la pédagogie s'y confond avec l'art de créer les ambiances aptes à développer l'individualité. L'auteur avait d'ailleurs formé le projet d'un ouvrage intitulé *Le Matérialisme du Sage,* qui eût été un hommage moins implicite à la vertu éducative des facteurs extrinsèques : « Les climats, les saisons, les sons, les couleurs, l'obscurité, la lumière, les éléments, les aliments, le bruit, le silence, le mouvement, le repos, tout, dit-il, agit sur notre machine et notre âme ; par conséquent tout nous offre mille prises presque assurées pour gouverner dans leur origine les sentiments dont nous nous laissons dominer ».

CHAPITRE V

<hr>

La philosophie médicale du XVIIIe siècle

1. — *Coup d'œil sur l'histoire du concept d'irritabilité*

L'évolution des sciences médicales au XVIIIe siècle doit, si nous en croyons quelques historiens de la philosophie, être rapportée à l'influence de Leibnitz. Pour Daremberg, au contraire, le développement de la médecine a toujours été autonome et conditionné uniquement par les progrès de la physiologie. Ces opinions correspondent, comme toutes les opinions, moins à la nature des faits qu'au tempérament de leurs auteurs, et on peut les concilier en disant que, dans le domaine intellectuel comme dans la nature, tous les mouvements retentissent les uns sur les autres. Il est fort probable, par exemple, que c'est l'influence de Leibnitz qui a amené Bordeu a voir dans le fonctionnement des glandes le résultat d'une activité spécifique plutôt que celui, jusqu'alors admis, de la pression exercée sur elles par des organes voisins. Mais, d'autre part, la philosophie de Leibnitz n'est elle-même que la synthèse des découvertes réalisées par les biologistes contemporains, à l'aide du microscope.

Quoi qu'il en soit, celui qui aime à ramener les manifestations de la pensée à leurs causes les plus générales, peut se plaire à voir dans la médecine dite « solidiste » ou « dynamique » un hommage au rôle de l'ambiance cosmique dans la formation des êtres.

Lorsque nous avons rencontré le nom d'Asclépiade de Bythinie, nous avons dit qu'ayant placé à la source des manifestations pathologiques le resserrement et le relâchement des tissus, il appliqua cette conception à la thérapeutique.

Les médecins philosophes du xviiie siècle furent guidés par des considérations analogues. Ils cessèrent de modifier directement la composition chimique des milieux intérieurs par l'administration de substances médicamenteuses, et se contentèrent d'exciter la vitalité des appareils pour les contraindre ainsi à secréter les substances nécessaires à leur fonctionnement. Les notions d'*excitation* et d'*autorégulation* entraînèrent la dissolution des entités morbides : toutes les manifestations pathologiques furent ramenées à une *diminution de tonicité*.

On trouve aux origines de ces conceptions l'introduction dans les sciences biologiques de la notion *d'irritabilité*.

Jusqu'à la première moitié du xviie siècle, on avait attribué les manifestations de la vie à l'intervention d'un principe immatériel, enprisonné en quelque sorte dans l'organisme. En 1654 parut un ouvrage de Glisson, dans lequel les réactions pathologiques étaient envisagées comme la résultante de l'*irritation* apportée à la fibre par des sécrétions anormales ; l'élément vivant était ainsi investi d'un pouvoir autonome. Environ vingt ans plus tard, le même auteur émettait une théorie beaucoup plus générale ; la faculté d'*irritation* devenait la manifestation de l'*irritabilité* ou aptitude de la matière vivante à réagir par une *contraction* aux excitations extérieures ; toutefois cette aptitude était moins le pouvoir de répondre spontanément et directement aux influences extérieures qu'une sorte d' « intelligence de la fibre » (Daremberg) mise en éveil par le contact d'esprits animaux et vitaux, émanant, les premiers du cerveau et les seconds du cœur.

Haller purifia les théories de Glisson de leur contenu galénique, mais la théorie de l'irritabilité perdit ainsi en précision ce qu'elle gagnait en profondeur (Gley). L'irritabilité fut, en effet, localisée par lui à la fibre *musculaire* et identifiée ainsi à ce que nous appelons aujourd'hui *contractilité*. Bichat, Broussais et Wirchow, revinrent en principe à la conception de Glisson, c'est-à-dire distinguèrent l'irritabilité, commune à tous les éléments vivants, de la contractilité et de la sensibilité ; Claude Bernard, enfin, conféra à cette aperception un maximum de généralité en faisant de l'irritabilité un aspect particulier de la non spontanéité de la matière, ou, comme l'a dit Gley, « la forme organique de l'inertie » (1).

2. — *La pathogénie dichotomique.*

Il nous faut maintenant retourner en arrière pour dire quelques mots des premières applications des notions d'*irritabilité* et d'*irritation* à la pathologie. Nous sommes, en effet, arrivés au moment où, avec Hoffmann, Cullen, Bordeu, Broussais, Rasori, la thérapeutique s'absorbe, comme il a été dit tout à l'heure, dans l'art de distribuer des stimulants et contre-stimulants, dans le but de rompre les spasmes ou de diminuer l'atonie. Tous les historiens de la médecine nous parlent des abus engendrés par cet esprit de système : « Des mains de Brown, on sort vermeil, nous disent-ils ; de celles de Broussais, on sort

(1) Depuis le moment où nous avons prononcé le nom de Wirchow nous sommes devenus infidèles au titre de ce chapitre parce que l'histoire de la notion d'irritabilité déborde le xviii° siècle ; pour des détails sur cette histoire, voir Daremberg, *Histoire des Sciences médicales*, et Gley, *Essais de philosophie et d'histoire de la biologie.*

blanc comme un linceul... Ici on ménage le sang ; là, on le verse à flots » (Daremberg).

Le médecin morphologiste enregistre lui aussi les errements dus aux excès de généralisation, mais il les attribue surtout à l'insuffisance de l'observation et des connaissances médicales et à l'interprétation défectueuse de principes vrais. Et il salue dans la substitution de la pathogénie dichotomique aux entités morbides, la manifestation d'une des aspirations les plus légitimes de la médecine. Nous nous étendrons un peu sur l'œuvre de Bordeu qui, en dépit de ses tendances mystiques, doit être considéré comme ayant avec les médecins morphologistes modernes des liens très directs.

« Les médecins, dit-il, doivent éviter de fatiguer leur mémoire, d'étouffer leur jugement et d'user leur attention par d'immenses amas de connaissances et de nomenclatures... La nature est plus profonde que le plus sublime mathématicien, physicien ou chimiste... Il y a donc trop loin des lois de la chimie et de la mécanique à celles de la nature. Appliquons-nous, par conséquent, à observer ce qui se passe dans le corps vivant, à connaître le génie de tous les organes, leurs liaisons, l'ordre des fonctions et le temps où elles s'exécutent. Toutes ces choses dépendent de certains mouvements, qu'on peut apercevoir, mouvements qui sont les vrais fondements, la base de notre art. Il faudrait... un Descartes ou un Leibnitz pour débrouiller ce qui concerne les causes, l'ordre, le rapport, les variations et les lois des fonctions ».

Les morphologistes enregistrent encore en premier lieu les assertions de Bordeu que les dispositions particulières des malades « peuvent changer un purgatif en diurétique ou en sudorifique » et « qu'un médicament n'a pas toujours besoin de rouler avec la masse des humeurs pour être porté vers les organes sur lesquels il doit produire son action », en second lieu, les développements qu'il a donnés à l'idée de *balancement organique*. « Dans celui-ci, dit-il, le cerveau agit plus proportionnellement que l'estomac, et dans un autre, c'est le contraire. Ici c'est le Foie, là les Reins et les parties de la génération, là la peau, les organes musculaires ou les membranes, etc. Toutes ces combinaisons, qui existent, en effet, étant réduites à des classes distinctes, on connaîtrait, ce semble, les tempéraments, et sans s'arrêter à des généralités qui ne sont que trop vagues, on avancerait dans des connaissances importantes ».

Bordeu appartient encore à la lignée des cliniciens évolutionistes par sa foi dans la tendance à l'autorégulation des processus pathologiques et le caractère naturiste de sa thérapeutique. « Il est incontestable, dit-il, que, sur dix maladies, il y en a les deux tiers au moins qui guérissent d'elles-mêmes et rentrent par leurs progrès naturels dans la classe des simples incommodités qui s'usent et se dissipent par les mouvements de la vie. Il suit de cette vérité de fait que le corps humain qui se conserve par lui-même ou qui tourne à son profit les aliments et la boisson, l'air et les autres causes générales, a, par lui-même, un degré particulier de forces au moyen desquelles il parvient à se défaire des maladies ; ces forces forment ce qu'on appelle la nature, dont on a donné bien des définitions. Elles aboutissent toutes à la faire regarder comme un principe particulier qui veille sans cesse à la conservation du corps ».

Tels sont les points de vue qui ont valu à Bordeu d'être regardé en 1876 comme « le plus grand médecin des temps modernes, l'Hippocrate français » (Papillon) ; en 1912, comme le précurseur et l'annonciateur de ceux qui donnent aujourd'hui pour base à la médecine l'étude des lois de l'évolution individuelle de l'homme.

Giovanni et ses élèves se plaisent, en effet, à rendre hommage à « l'homme de génie » dont ils se proclament les continuateurs. Quant à Sigaud, les liens d'étroite filiation qui le rattachent à Bordeu se dégageront de l'exposé de ses idées.

3. — *Le point de vue histologique.*

La médecine du xviiie siècle présente encore à notre admiration, en dehors des inventeurs de la percussion et de l'auscultation, dont nous parlerons dans un autre chapitre, le grand nom de Bichat, qui, en donnant toute son importance à la notion de *tissu*, seulement entrevue par Bordeu, créa l'*histologie*.

« La chimie a, dit-il, des corps simples qui forment, par les combinaisons diverses dont ils sont susceptibles, les corps composés. De même, l'anatomie a ses tissus simples, qui, par leurs combinaisons... forment les organes. Quelles que soient les parties où ces tissus se rencontrent, leur nature est constamment la même, comme en chimie les corps simples ne varient point, quels que soient les composés qu'ils concourent à former. » C'est donc avec raison qu'on a rapproché la direction imprimée par Bichat aux recherches biologiques, de celle imprimée par Lavoisier à la chimie et la justesse de cette comparaison apparaît surtout lorsqu'on considère que la connaissance du tissu a conditionné celle de la cellule : celle-ci est, en effet, l'atome des biologistes, l'unité dont la prise en considération a permis, tant dans le domaine de la physiologie que dans ceux de l'anthropologie et de l'embryogénie, l'étude de la *genèse des formes* et de leurs *rapports à la fonction*.

Mais si l'histologie et la théorie cellulaire ont favorisé le développement de la médecine, en tant que génératrices de sciences auxiliaires, appliquées *directement* à l'étude des réactions physiologiques et pathologiques, elles ont entravé plutôt que favorisé les progrès de la science, et cela est assez facile à comprendre : puisque des organes composés de tissus analogues exercent des fonctions différentes, la nature de la fonction n'est liée que secondairement à celle du tissu, et il n'y a pas lieu d'accorder à la considération de celui-ci une place prépondérante. Cette erreur de principe est peut-être, d'ailleurs, moins imputable à Bichat qu'à ceux qui ont fait l'application de ses théories à la pathologie. Le créateur de l'histologie estimait, il est vrai, que la maladie n'atteint dans l'œil qu'une membrane et dans l'estomac que la muqueuse, mais l'esprit d'analyse s'alliait chez lui à un esprit de synthèse qui s'exprimait par un sentiment profond du consensus organique.

« N'exagérons pas, disait-il, l'indépendance où les tissus d'un organe sont les uns des autres sous le rapport des maladies : la pratique nous démentirait... Dans beaucoup de maladies chroniques, toutes les parties du même organe s'altèrent peu à peu ». Il faut donc, « après avoir indiqué les altérations propres à chaque système, quel que soit l'organe où il se trouve... reprendre l'examen des maladies propres à chaque région, examiner celles de la tête, de la poitrine et des membres suivant la marche ordinaire ».

« Un mot de Bichat : *la nature est avare de moyens et prodigue de résultats* », résume admirablement l'esprit philosophique du xviiie siècle.

Si les sciences naturelles ont brillé à cette époque d'un si vif éclat, si la médecine s'est élevée à des hauteurs qu'elle n'a pas connues aux autres périodes de son évolution, c'est parce qu'on avait alors une conscience plus vive des analogies qui constituent la trame idéale du monde et président aux manifestations de la vie.

CHAPITRE VI

L'Œuvre de Lamarck

1. — Influence de l'œuvre de Lamarck sur l'évolution des sciences biologiques

Jusqu'ici, l'idée du rôle de l'ambiance dans la formation des espèces s'est présentée à nous plutôt à titre de postulat que sous forme de vérité scientifique. A Lamarck était réservée la gloire de découvrir ce qu'on peut considérer comme le principe du mécanisme phylogénétique. Les idées maîtresses qui ont présidé au développement des sciences naturelles, rôle du milieu extérieur dans la genèse des êtres et des races, loi de compensation organique ramenée aux effets de l'usage et du non usage, et concept d'hérédité ramené à celui d'habitude, importance de la notion d'individualité, tout cela a été établi par Lamarck.

Ces idées ne nous intéressent ici que dans leurs rapports à la morphologie et à la pathologie.

Les applications des théories lamarckiennes à la morphologie humaine se confondent avec un énoncé partiel des vues de Sigaud et de Giovanni, qui, sans le grand naturaliste, eussent, il est vrai, été des médecins physiologistes et philosophes comme l'a été Bordeu, mais n'eussent sans doute point annexé à leur science une province nouvelle.

On sait, dit par exemple Lamarck, « que les grands buveurs, ceux qui se sont adonnés à l'ivrognerie, prennent très peu d'aliments solides, qu'ils ne mangent presque point et que la boisson qu'ils prennent en abondance et fréquemment suffit pour les nourrir. Or, comme les aliments fluides, surtout les boissons spiritueuses, ne séjournent pas longtemps, soit dans l'estomac, soit dans les intestins, l'estomac et le reste du canal intestinal perdent l'habitude d'être distendus chez les buveurs ainsi que dans les personnes sédentaires et continuellement appliquées aux travaux d'esprit, qui se sont habituées à ne prendre que très peu d'aliments ; peu à peu et à la longue, leur estomac s'est resserré et leurs intestins se sont raccourcis » (1).

(1) Un an après la publication des premiers ouvrages de Lamarck un naturaliste allemand nommé Tréviranus, faisait paraître un livre intitulé *Biologie*, dans lequel étaient exprimées les idées du développement graduel des espèces, des relations entre la forme et la fonction, du rôle des processus compensateurs et des influences du milieu dans l'ontogénie.

« Plus les limites dans lesquelles s'exercent l'action et les impulsions des milieux sur les organismes vivants sont vastes, dit cet auteur, et plus élevé est le rang occupé par l'individu dans l'échelle animale « (Osborn. *From the Greeks to Darwin*).

C'est là une idée que nous verrons appliquée par Sigaud à la hiérarchisation individuelle.

Nous verrons Sigaud appliquer ce point de vue à la genèse de types morphologiques.

Quant à la *pathologie classique*, il n'est pas exagéré de dire qu'elle dérive tout entière, comme M. Le Dantec s'est attaché à le démontrer, de la formule lamarckienne : « *la fonction crée l'organe* ».

Si, en médecine, on a substitué au penser anatomique le penser « physiologique » (Lépine, Grasset) ou « pathogénique » (Bouchard), la recherche de l'unité et du trouble *fonctionnels* à celle de la lésion et de l'unité histologique ou cellulaire, c'est surtout parce que la loi de Lamarck a établi que *les aspects statiques de la vie ont à leur source des phénomènes dynamiques*.

Jusqu'à ces dernières années, les pathologistes ont été comparables à des mécaniciens qui, pour découvrir le fonctionnement d'une machine, s'attacheraient au dénombrement des matériaux dont elle est composée, sans s'occuper des rôles respectifs de ses rouages. Aujourd'hui seulement on commence à chercher les secrets de la vie moins dans un stérile disséquage que dans l'étude des réactions naturelles ou provoquées, et ces tendances, dont la fécondité s'est surtout manifestée jusqu'ici par la création de la sérothérapie et par les applications de la morphologie à la médecine, doivent surtout être rapportées à la prise en considération de la formule lamarckienne.

2. — *L'œuvre de Lamarck et la critique moderne.*

A. Objections de principe à la loi de Lamarck.
B. Objections de fait à la loi de Lamarck.
C. Preuves de l'exactitude de la loi de Lamarck.

L'énoncé de la loi de Lamarck prête à la critique.

A) L'organe étant, comme l'a dit Le Dantec, défini par la fonction qu'il accomplit », c'est faire une pétition de principes que de le déclarer engendré par cette fonction. De plus, une fonction est en réalité accomplie, non par un groupe cellulaire déterminé, mais par la totalité de l'organisme. Mais l'imperfection mise en lumière par ces considérations est toute verbale. Elle tient à l'impossibilité de créer un langage apte à refléter simultanément tous les aspects des phénomènes. Organe et fonction sont *les deux aspects d'un même fait*. Et c'est parce que la loi de Lamarck exprime admirablement cette idée qu'elle doit être considérée comme la clé de voûte de la biologie.

B) Cependant, des objections de fait sont ajoutées aujourd'hui aux objections de principe qu'on peut lui faire.

Il y a, nous dit-on, non pas *un* mais *plusieurs* modes de formation des espèces. La manière dont s'effectue actuellement « le peuplement des places vides » prouve que, dans biens des cas, les espèces animales étaient « préadaptées » aux conditions de milieu nouvelles qui se sont présentées à elles, autrement dit, qu'elles avaient un « potentiel évolutif », dont la réalisation était indépendante de conditions de milieu définies. « Or, toutes les fois qu'un organe a pu modifier son fonctionnement de manière à s'adapter à des conditions extrinsèques nouvelles, on peut dire que, contrairement à la formule lamarckienne, *l'organe a créé la fonction* » (Cuénot).

On sait, par exemple, que certaines réactions peuvent être provoquées « soit par la chaleur, soit par la sécheresse, soit par l'insolation », soit par l'absence de lumière, « soit enfin par une alimentation abondante » (Bohn). Semblables faits — qui expliquent l'existence d'espèces animales analogues ou voisines sous des latitudes opposées — amènent à penser que « les facteurs du milieu extérieur n'éveillent pas au sein de l'organisme vivant des réactions aussi spécifiques qu'on l'admet généralement, c'est-à-dire que des facteurs différents, ou encore des degrés extrêmes et opposés d'un même facteur, peuvent produire les mêmes effets » (G. Bohn). Mais ceci, de l'aveu même de ceux qui opposent ces restrictions à la formule lamarckienne, ne s'applique sans doute, « qu'à des caractères peu stables, labiles, tels que la pigmentation, la forme, la taille, divers instincts ».

La variabilité des conditions de milieu compatibles avec la vie a des limites représentées par l'impossibilité pour un poisson de vivre hors de l'eau, pour un estomac humain de s'accommoder du régime herbivore, etc.

Que les variations des milieux spécifiques (air, alimentation, température, etc.) ne provoquent dans les organismes que des changements peu accentués, on l'a toujours pensé, puisque c'est dans *l'accumulation de ces modifications* qu'on a cherché le secret de la genèse des espèces.

Mais voici qu'aujourd'hui la nature du mécanisme phylogénétique est remise en question par les arguments opposés à la loi sur laquelle s'étayent les conceptions de Lamarck, savoir *l'hérédité des effets de l'usage et de la désuétude.*

Il y a, nous disent en substance quelques auteurs, de l'illogisme dans l'affirmation de cette hérédité, puisqu'on ne saurait admettre qu'un caractère puisse disparaître par le manque d'usage sans reconnaître du même coup qu'il n'était pas définitivement acquis.

On peut, comme l'a fait M. Le Dantec, résoudre cette antinomie en décrétant qu'un caractère n'est, en effet, véritablement acquis que lorsqu'il ne disparaît pas avec la cause qui l'a fait naître et que c'est seulement pour ce dernier « que se pose la question de savoir s'il est susceptible d'être transmis héréditairement » ; on peut encore admettre, avec d'autres auteurs, que la plupart des variations spécifiques résultent de l'interaction des virtualités héréditaires et des actions de milieu, et que les parts respectives de chacun de ces facteurs dans l'ontogénie sont, au surplus, impossibles à établir. Mais quelle que soit la manière dont on explique le mécanisme phylogénétique, une chose est certaine. La question de l'hérédité des effets de l'usage et du non usage se confond de façon absolue avec celle du transformisme, comme l'a fait remarquer Spencer. Nier le premier de ces processus, c'est ne pas accepter le second.

En effet, qu'une excitation soit de nature *spécifique* ou *indéfinie*, elle a toujours pour résultat la mise en activité, et par conséquent *l'usage* des organes. Et si, parmi ces effets de l'usage, aucun n'avait été transmissible, il n'y aurait jamais eu, comme le font remarquer quelques biologistes, qu'une seule espèce animale représentée par le premier grumeau protoplasmique. Quant à la proportion faible ou nulle des transformations actuellement subies par les espèces animales, elle s'explique, selon M. Le Dantec, par le fait que les lois de l'évolution sont pareilles à elles-mêmes dans la vie des univers, des espèces et des individus. Pour chacun d'eux, l'accomplisse-ment de la trajectoire évolutive correspond à une « stabilité croissante » en vertu de laquelle la « période de formation, caractérisée par la plasticité, est limitée à la jeunesse » (1).

Cette loi permet de concilier avec les théories transformistes l'hypothèse faite par quelques biologistes que, actuellement, les effets de l'usage et de la désuétude ne s'incorporent sans doute pas au patrimoine héréditaire, et qu'on attribue souvent à l'hérédité des manifestations ressor-tissant à l'influence du milieu *actuel* ou de la sélection. Nous aurons à revenir sur ce point par la suite, et c'est alors qu'apparaîtront les rapports de cette digression à la science dont nous nous occupons (2).

Qu'il nous suffise, pour le moment, de cons-tater que l'édifice construit par Lamarck ne peut être lézardé sans s'écrouler et que, s'il tombe, il entraîne dans sa chute la théorie de la Descendance à laquelle il sert de fondement.

C) Dans le domaine *individuel*, l'exactitude de la formule : « la fonction crée l'organe » est prouvée par la sérothérapie, puisque l'immunité

(1) Voir Le Dantec. *La Stabilité de la Vie*.
D'autres biologistes ont exprimé l'idée que la plasticité des individus est en raison inverse de la complexité de leur organisation, et par conséquent du rang occupé par l'espèce qu'ils représentent dans l'échelle phylogénique.

(2) Voir pages 220 et 221.

conférée par le sérum n'est que la résultante de l'habitude qu'a prise l'organisme de résister à l'action de l'agent infectieux — et par l'histologie.

On distingue, en effet, dans une lamelle osseuse des stries dues à l'alignement des trabécules. Or la direction de ces stries, qui est celle du plus grand effort qu'ait à supporter dans ses différentes positions le segment considéré, prouve que l'autoconstruction du tissu osseux est soumise aux lois de la mécanique rationnelle (1) ; il est permis de supposer qu'il en est de même des autres tissus ; on estime en outre, que les diverses dimensions d'un muscle varient avec son mode d'activité, et que la forme des parois vasculaires est due aux mouvements du sang contenu dans les vaisseaux.

Tous ces faits autorisent à poser en principe que la vie est le *résultat de l'action directe de particules élémentaires* dont les mouvements sont soumis aux lois de la statique, et que, par conséquent, la *structure interne* des organismes se réclame, comme leurs formes extérieures, de la loi de Lamarck (2).

(1) C'est ainsi, par exemple, que dans la soudure des os fracturés l'alignement des trabecules s'effectue dans une direction qui n'a pas d'analogue dans la structure normale de l'os.

(2) Ils ont été établis par Wilhelm Roux et ses élèves; voir page 80.

3. — *L'Œuvre de Lamarck et celle de Le Dantec*

A. Pourquoi l'œuvre de Le Dantec peut être étudiée en même temps que celle de Lamarck.
B. Aperçu de quelques-unes des démonstrations de Le Dantec.
C. Rôle de la « question d'échelle » dans l'explication des rapports de la forme à la fonction.
D. Les idées de Le Dantec et la morphologie humaine.

A) Si nous avons aussi souvent, au cours des pages précédentes, prononcé le nom de Le Dantec, c'est parce que celui-ci s'est, dans tous ses ouvrages, attaché à mettre en lumière la généralité de la loi « d'habitude », formulée par Lamarck, et à montrer en elle la pierre angulaire de la biologie et de la pathologie. Il n'entre pas dans le plan de cette étude d'exposer les efforts faits par ce penseur pour apporter un maximum de précision dans les idées directrices de la biologie. Mais le nom de Lamarck ne saurait être aujoud'hui séparé de celui du plus synthétique de ses disciples. L'œuvre de ce dernier est en quelque sorte une prolongation de celle du grand naturaliste, et il a lui-même rapporté à sa parenté d'esprit avec Lamarck et à l'influence de celui-ci sur lui la conception qu'il s'est faite de la vie, et l'orientation donnée à ses recherches. Ajoutons que, par un juste retour des choses d'ici-bas, on rend à la fois hommage au maître et au disciple en associant leur nom dans l'histoire : si c'est proclamer l'importance de l'œuvre de Le Dantec que de la rattacher à celle de Lamarck, on met aussi en lumière la portée et la fécondité de l'œuvre de Lamarck en disant qu'elle a engendré celle de Le Dantec (1).

B) Nous avons déjà vu que Le Dantec a démontré le rôle joué par l'habitude dans l'action des sérums et opposé aux arguments antitransformistes fournis par l'actuelle invariabilité des espèces et la *constance* des propriétés de chacune de ces espèces la loi de « *stabilité croissante* », qui permet de concilier la plasticité passée de la matière vivante avec son absence de malléabilité présente ; il a en outre établi entre la lutte pour la vie et les actions de milieu, par conséquent entre l'œuvre de Lamarck et celle de Darwin, des rap-

(1) Nous n'avons pas à parler ici de l'œuvre d'autres Lamarkiens qui ont exercé une influence sur le développement de la morphologie générale, mais dont les points de vue ne se rattachent par aucun côté à ceux auxquels ce livre est consacré. Nous n'ignorons pas d'autre part que des idées plus ou moins analogues à celles de Le Dantec ont été émises par d'autres biologistes en ce qui concerne le substratum chimique de l'espèce, la transmission des caractères acquis envisagée comme support du concept d'évolution, la stabilité croissante des espèces, l'interprétation dynamique des mécanismes de l'immunité acquise, etc. Mais c'est précisément en tant que synthèse des diverses théories biologiques et expression des efforts faits pour en rationaliser les idées directrices que l'œuvre de ce penseur nous intéresse.

ports sur lesquels nous reviendrons par la suite. Enfin, c'est encore lui qui a fait des phénomènes de *vie*, d'*assimilation* et d'*hérédité* les trois aspects d'un même processus et démontré, après quelques autres, que la question des *caractères acquis* se confond avec celle du Transformisme.

Aucune propriété ne pourrait être transmise, dit-il en substance, si elle n'avait été préalablement acquise. Si la dernière des propriétés acquises par l'agrégat jusqu'alors inorganique — c'est-à-dire *l'assimilation fonctionnelle*, qui est le *critérium de la vie* parce qu'elle est la seule propriété possédée par *tous* les êtres vivants — n'avait pas eu pour équivalent, ou, si l'on veut, pour aspect particulier la *mémoire cellulaire*, principe de l'*hérédité*, la vie ne se serait pas propagée : assimilation, vie et hérédité sont donc trois aspects d'un même phénomène. D'autre part, si beaucoup des propriétés successivement ajoutées par l'action des milieux extérieurs à cette propriété fondamentale de la matière organisée, n'avaient pas été *transportables* à travers la série des générations, il n'y aurait jamais eu qu'une seule espèce animale représentée par le premier grumeau protoplasmique.

C) Mais celles des démonstrations de Le Dantec qui jouent le rôle le plus direct dans l'histoire de notre science sont relatives aux *rapports de la forme à la composition chimique*, et, par conséquent, aux *propriétés* qui sont fonction de cette composition chimique.

« Le point de vue de la forme, nous dit Le Dantec, domine fatalement tous les autres en biologie » puisqu'on « *raconte la même histoire* en décrivant les réactions chimiques dont un individu est le siège ou en reproduisant les étapes par lesquelles passe sa morphologie d'ensemble ». Et s'il en est ainsi c'est parce que « les phénomènes naturels se groupent en séries parallèles à échelles différentes ».

Expliquons cette dernière proposition :

Les plus petites particules constitutives des corps qui soient douées de propriétés définies sont appelées des *atomes*. Ceux-ci attirent d'autres atomes qui se joignent à eux pour former des *molécules* ; dans les corps vivants (et dans d'autres catégories d'agrégats) (1), les molécules se groupent sous forme de *colloïdes* ; celles-ci s'agglomèrent les unes aux autres pour former les *cellules* dont l'association fournit les *tissus* qui entrent dans la composition des *organes*. Chacun de ces agrégats, atome, molécule, colloïde, cellule, tissu, organe, est de dimension supérieure à celle de ses éléments constitutifs et possède les propriétés qui lui permettent d'accomplir ses fonctions particulières. Mais il est facile de comprendre que beaucoup des modifications subies

(1) Tous les agrégats dits « colloïdaux ».

par un appareil ou un tissu (et qui sont des modifications d'ordre *mécanique*) entraînent des modifications correspondantes dans le groupement des éléments constitutifs de la cellule et du colloïde et que celles-ci, à leur tour, engendrent éventuellement des réactions chimiques (1).

De même, les modifications qui se produisent dans les groupements cellulaires engendrent éventuellement celles des groupements colloïdaux, et, par leur intermédiaire, celles des groupements atomiques, et vice-versa.

« Ainsi s'explique le fait bien connu d'une relation admirable entre la *forme* des corps vivants et la composition chimique de leur protoplasme. L'échelle chimique est trop éloignée de l'échelle mécanique pour qu'une telle relation puisse se concevoir. Tout devient au contraire fort simple si l'échelle colloïde intermédiaire est liée par des relations *réciproques* de cause à effet, d'une part à l'échelle chimique ou inférieure, d'autre part à l'échelle mécanique ou supérieure. Alors la forme microscopique de l'échelle mécanique est déterminée par la *forme* protoplasmique à l'échelle colloïdale, qui résulte elle-même de la forme chimique ou structure moléculaire. »

(1) Ces relations peuvent, dit l'auteur, être comparées à celles qui, dans une machine Gramme, lient la rotation de l'anneau au passage du courant électrique dans les fils enroulés autour de lui. Fait-on tourner l'anneau ? Le courant passe dans les fils. Fait-on passer le courant ? On détermine la rotation de l'anneau.

C'est ainsi que la « question d'échelle » aide à comprendre comment les mutations cosmiques se répercutent sur l'organisme vivant pour y provoquer des réactions tantôt physiologiques, tantôt pathologiques.

Cependant, la répercussion qu'exercent les uns sur les autres des mouvements appartenant à des échelles différentes n'est pas fatale ; un appareil peut être le siège de réactions qui n'amènent pas de modifications histologiques et celles-ci, à leur tour, peuvent ne pas engendrer de modifications chimiques.

Appliquées au *transformisme*, ces considérations expliquent que beaucoup des résultantes des actions de milieu — telles que les mutilations, certains effets de l'usage et de la désuétude, etc., etc. — ne soient pas héréditaires.

L'hérédité des caractères acquis, c'est-à-dire la propriété conférée à ces caractères de surexister aux conditions de milieu qui les ont engendrés, n'est, en effet, que la résultante de la « fixation progressive d'une habitude qui, du domaine colloïde, a fini à la longue par envahir le domaine chimique. » Tant qu'une habitude ne modifie que la situation respective des éléments constitutifs d'une cellule ou d'un colloïde, elle reste *superficielle*. Elle ne s'incorpore au patrimoine héréditaire que lorsque les variations de la structure *colloïdale* engendrent des variations correspondantes du mode de groupement des *atomes*, car alors seulement, l'habitude est *inscrite dans le protoplasme.*

Si maintenant on cherche à préciser le moment où s'accomplit ce dernier phénomène, on se trouve amené à le rattacher à l'obéissance à la loi du moindre effort ou, pour employer la terminologie de l'auteur, à l'*horreur de la contrainte,* propre à toute chose vivante.

Une heure vient où les agrégats colloïdaux ont à faire un effort moindre pour adopter le mode de juxtaposition qui, durant des séries de générations, leur est imposé par des conditions extrinsèques, que pour récupérer la forme qui était la leur avant l'apparition de ces conditions. C'est à ce moment que les variations chimiques s'inscrivent dans le patrimoine héréditaire (1).

D) Appliquée à la *morphologie humaine*, la possibilité qu'ont les mécanismes d'échelle différente de ne pas retentir les uns sur les autres explique les *dissociations fonctionnelles transitoires* que nous étudierons dans l'œuvre de Sigaud. Les rapports d'équivalence établis par ce dernier penseur entre la *santé* et l'*unité fonctionnelle,* la *maladie* et la *dissociation fonctionnelle,* créent

(I) Les modifications par lesquelles un organisme acquiert des caractères nouveaux peuvent, dit l'auteur, être comparées à celles qui se produisent dans la structure moléculaire d'un ressort longtemps comprimé. On sait que lorsque celle-ci a été longue, le ressort perd l'élasticité qui lui permettait de revenir par bondissement à sa position naturelle.

eux aussi des liens entre l'auteur de l'*Introduction à la Pathologie générale* et celui de la *Forme humaine*. Pour tous les deux, l'organisme est un et il n'y a pas de fonctions ou de réactions locales ; pour tous les deux, la maladie est la résultante d'une anarchie cellulaire ; chez tous deux aussi, la prise en considération de l'interdépendance de l'être et des milieux et des relations de la forme à la fonction domine l'explication des phénomènes biologiques.

« S'il y a une liaison entre les faits de l'échelle mécanique et ceux de l'échelle chimique, dit Le Dantec, nous pouvons aussi bien nous servir de l'observation des premiers pour expliquer les seconds que de l'observation des seconds pour comprendre les premiers. Or, dans l'état actuel de la science, il est bien plus facile d'observer les variations à l'échelle mécanique que de les découvrir à l'échelle chimique. Si donc nous avons le droit de conclure de la première échelle à la seconde, nous pourrons devancer les découvertes de l'avenir dans le domaine de la chimie des protoplasmes ». Nous trouverons chez Sigaud des idées directrices absolument analogues (1).

« Il y a eu, nous dit encore l'auteur de l'*Introduction à la Pathologie générale*, des alchimistes pendant des siècles, tant que le génie d'un homme plus grand que tous les autres n'a pas montré la

(1) Voir page 126.

voie aux chercheurs ; les naturalistes d'aujourd'hui (et, parmi les naturalistes, je dois comprendre ces médecins... qui « comptent sur le hasard pour réaliser des découvertes qu'ils devraient demander à des idées directrices et à des raisonnements généraux) sont comme les alchimistes d'autrefois... Dès qu'on entre dans les « sciences » naturelles, on se retrouve en plein Moyen Age, avant Lavoisier, avant Descartes, avant l'avènement de l'ère scientifique ». Le même penseur déplore qu'on commence par mettre à mort les animaux dont on veut étudier la vie ; toute son œuvre a d'ailleurs pour but d'opposer à la biologie statique une conception dynamique de la vie. Or cette conception, qui est dominée par les notions d'*évolution*, d'*équilibre* et d'*excitation*, est précisément celle qu'on trouve à la source de la médecine morphologique. Nous aurons d'ailleurs à revenir sur ce rapprochement.

Enfin, l'idée générale que se fait Le Dantec de la pathologie et de la thérapeutique a aussi pour nous un intérêt particulier. Il estime avec raison que ces sciences sont empiriques par essence parce que l'*infinie complexité des phénomènes vitaux* d'une part, et, d'autre part, la *spécificité individuelle*, qui différencie les unes des autres les réactions par lesquelles deux individus répondent à une même catégorie d'excitations, s'opposent à ce que le médecin puisse prévoir à coup sûr, comme le physicien ou le chimiste, les phénomènes provoqués par son intervention. Le médecin ne peut combattre que quelques effets d'un état dont le déterminisme lui échappe ; il peut, par exemple, administrer à un fiévreux « un médicament qui, comme le pyramidon ou la cyrogénine, a la propriété empiriquement constatée de faire baisser la température ; mais, quand on agit ainsi à l'aveuglette, on a autant de chances de faire du mal au malade que de lui faire du bien ; même les phénomènes qui s'accompagnent de douleurs vives peuvent être utiles à l'homme dans la résistance à la destruction, et si l'on combat ces phénomènes par une médication appropriée, on ne sait pas si l'on ne désarme pas le malade » (1).

Cependant, parmi les notions ainsi acquises, il en est de très précieuses, comme le traitement mercuriel de la syphilis. Mais ce sont là « lambeaux de pourpre » projetés sur des « haillons » par la clémence de l'empirisme, « il n'y a pas là matière à généralisation ; le résultat obtenu dans ces cas n'indique pas la méthode à suivre pour en guérir un autre ; il n'y a pas à espérer de tirer de cette vieille *clinique* une véritable pathologie générale ».

Où donc trouverons-nous les éléments de cette pathologie générale ? En l'état actuel de la science, ils sont représentés par les notions relatives aux rapports de l'organisme vivant avec les corps étrangers qui y sont introduits.

(1) *Introduction à la Pathologie générale.*

« C'est la notion seule de l'introduction d'un *élément étranger* dans l'organisme, soit à l'état d'œuf, soit à l'état d'embryon, soit à l'état adulte qui a permis de donner quelque généralité aux considérations relatives à la pathologie. Et si l'on se borne pour le moment à la partie extrêmement vaste de la pathologie, qui est relative aux résultats de l'introduction d'un élément étranger dans l'organisme vivant, on peut lui tracer des règles d'ensemble, lui appliquer des formules très simples qui constituent vraiment une pathologie générale ».

Il suffit, en effet, de donner à l'expression « élément étranger » son acception la plus vaste pour comprendre que la pathologie ainsi définie étudie les effets d'un aliment nocif — c'est-à-dire non *habituel* à l'organisme et auquel celui-ci ne peut pas s'adapter — aussi bien que les effets du microbe de la peste ou du choléra.

Mais une autre considération vient encore, comme le fait remarquer l'auteur, élargir l'aperception considérée jusqu'à lui permettre d'embrasser la totalité des manifestations morbides ; il n'est, en effet, point de troubles fonctionnels qui n'aient pour résultante une perturbation du milieu organique interne. Sous l'influence d'une alimentation défectueuse, de températures ou d'atmosphères anormales, de préoccupations, de fatigues, etc., etc., celui-ci devient plus ou moins inadéquat aux éléments qu'il baigne ; on peut

donc considérer que lorsque les facteurs extrinsèques ne sont pas en harmonie avec la réceptivité
individuelle du moment, il y a *introduction indirecte* d'éléments étrangers dans l'économie. Quant
aux rapports de ce point de vue à la loi de
Lamarck, ils sont évidents. Chaque fois que l'organisme s'adapte à un milieu défectueux, il prend
l'*habitude* de réagir à ce milieu ; par conséquent,
dans un sens très large, la fonction crée l'organe.

Nous n'avons, comme il a été dit, mentionné
ici la conception que se fait de la pathologie et
de la thérapeutique un des plus grands manieurs
d'idées générales de l'heure présente que pour
l'appliquer aux données de la *morphologie
humaine.*

Ces dernières, se rapportant aux *rapports respectifs des milieux extrinsèques à la modalité de la
forme et de la fonction*, permettent, en effet, de
discerner mieux qu'on ne l'a fait jusqu'à présent
les facteurs capables d'introduire plus ou moins
directement dans un organisme donné les éléments étrangers à son fonctionnement normal.
Au surplus, la direction apportée à la médecine
par la science étudiée ici a été indiquée par Lamarck lui-même comme étant la plus féconde. Et
ceci nous permet de donner pour conclusion à ce
chapitre quelques pensées du grand naturaliste.

Nous citerons tout d'abord sa définition de la
vie qui, rapprochée de celle de Sigaud, mettra en
lumière l'étroite parenté de ces deux grands esprits.

La vie est, pour lui, « un ordre et un état de choses qui permet les mouvements organiques ; et ces mouvements qui constituent la vie active résultent d'une cause stimulante qui les excite. »

Nous rappellerons ensuite les conclusions auxquelles l'a amené sa philosophie.

« On peut, dit-il, poser en principe :

« Que toute connaissance qui n'est pas le produit réel de l'observation ou des conséquences de l'observation est tout à fait sans fondement et véritablement illusoire... Que pour l'homme la plus utile des connaissances est celle de la *nature* considérée sous tous ses rapports... Que parmi les sujets de cette grande étude, celles des lois de la *nature* qui régissent les faits et les phénomènes de l'organisme de l'homme, son sentiment intérieur, ses penchants, etc., et celles aussi auxquelles sont soumis les agents extérieurs qui l'affectent... doivent attirer son attention et exciter ses recherches avant les autres.

Qu'à l'aide des connaissances qu'il peut obtenir par ces études il se conformera plus aisément aux lois de la *nature* dans toutes ses actions, il pourra se soustraire à des maux de tout genre, enfin il en tirera les plus grands avantages » (1).

______

(1) *Système analytique des connaissances de l'homme.*

CHAPITRE VII

DE LAMARCK AUX MORPHOLOGISTES MODERNES

1. — *De Lamarck à Darwin.*

A. L'idée de subordination des caractères développée par
Cuvier.
B. Les principes de « l'anatomie philosophique » établis
et coordonnés par Geoffroy Saint-Hilaire.
C. La définition du mot « milieu » donnée par Auguste
Comte.

A) L'œuvre de Lamarck passa si inaperçue à
l'époque où elle fut écrite, que son grand contemporain, Gœthe, a pu l'ignorer. En 1861, c'est-
à-dire deux ans après l'apparition de *l'Origine
des Espèces,* elle était encore assimilée par Flou-
rens à un ensemble de « rêveries » dans lesquelles
« l'habitude joue un rôle incroyable ».

Ce sont un anglais, Lyell, et un allemand,
Haeckel, qui ont les premiers rendu justice au
génie de notre grand naturaliste.

B) On sait qu'il faut surtout attribuer l'échec
de Lamarck à l'influence de Cuvier, partisan résolu de la fixité des espèces animales.

Celui-ci, qui n'a contribué qu'indirectement à faire triompher les théories transformistes, doit, au contraire, être considéré comme un des édificateurs de la *morphologie*.

Il a établi le principe de la *subordination des caractères* déjà posé par Aristote, et qui consiste à déduire de la présence, de l'absence ou de la modification de certaines parties de l'organisme à la présence, l'absence ou la modification de parties correspondantes.

« Les parties d'un être vivant sont tellement liées entre elles, dit-il, qu'aucune d'elles ne peut changer sans que les autres changent aussi.

Tous les animaux à sang blanc qui ont un cœur, sont signalés comme possédant aussi des branchies ; ceux qui n'ont pas de cœur, mais seulement un vaisseau dorsal, respirent à l'aide de trachées. Tous ceux qui possèdent un cœur et des branchies possèdent également un foie ; les autres en manquent.

Nous comprendrons combien le nom de Cuvier est étroitement lié à l'histoire de la science étudiée dans ce livre quand nous verrons de Giovanni appliquer des principes absolument analogues à l'étude comparative des individualités humaines.

Ajoutons que l'origine téléologique attribuée par ce naturaliste aux rapports de l'organe et de la fonction n'a eu qu'une influence négligeable sur le développement de la morphologie. Cuvier a, tout comme s'il eût été un pur empiriste, mis en lumière les caractères qui témoignent de l'adaptation de l'organe à la fonction.

C) L'influence de Cuvier s'oppose à celle de Geoffroy Saint-Hilaire qui, seul parmi ses contemporains, osa se proclamer l'élève et l'admirateur de Lamarck.

Parmi les nombreuses idées établies par Geoffroy Saint-Hilaire, dans son *Anatomie philosophique*, celles qui se rattachent le plus directement à l'histoire de notre science sont les notions de *balancement organique*, de *corrélation* et de *prédominance*.

Il envisage les modifications organiques « comme concommitantes et dominées par les modifications d'un organe unique » et estime qu'il y a lieu de rechercher, parmi les organes qui parviennent ensemble à une grandeur démesurée, lequel exerce toute l'influence quand les autres s'en tiennent au rôle secondaire d'associés officieux ; enfin il proclame, comme Bordeu et Lamarck, la supériorité des points de vue synthétiques en biologie.

« Les naturalistes de notre époque, dit-il, si empressés à la description isolée des corps et des phénomènes naturels, si habiles à porter leur scalpel scrutateur dans l'intérieur labyrinthique des êtres organisés, semblent, au contraire, craindre de se compromettre dans la recherche

des rapports et des actions réciproques des parties de l'univers, recherche difficile par elle-même,
plus difficile encore par sa nouveauté ; mais éminemment philosophique et féconde en progrès ».

D) Geoffroy Saint-Hilaire avait étudié avec
beaucoup de détails l'influence des actions de
milieu et de leurs variations sur les êtres organisés, et donné au mot « milieu « une acception
à la fois plus vaste et plus précise que celle qui
lui avait été attribuée jusque-là, mais la définition de ce terme qui devait jouer un si grand
rôle dans les sciences biologiques a été donnée
pour la première fois par Auguste Comte.

C'est ce philosophe qui, « rapprochant Lamarck
de Montesquieu, fournit à Taine la définition
générale, à la fois biologique et sociale, de l'idée
de milieu » (Levy Bruhl).

« Je désigne par ce mot de « milieu », dit-il,
non seulement le fluide où l'organisme est plongé,
mais, en général, l'ensemble des circonstances
extérieures d'un genre quelconque nécessaires à
l'existence de chaque organe déterminé ».

Et il insiste beaucoup sur cette pensée que
« l'idée de vie suppose constamment la corrélation nécessaire de deux éléments indispen-
sables : un organe approprié et un milieu con-
venable » ; par conséquent, « le grand problème
permanent de la biologie positive doit con-
sister à lier constamment, d'une manière non

seulement générale, mais aussi spéciale, la double idée d'organe et de milieu avec l'idée de fonction... La théorie rationnelle de l'action des divers milieux sur l'organisme, ajoute-t-il, reste encore presque tout entière à former ; un tel ordre de recherches, quoique fort négligé, constitue l'un des plus beaux sujets que l'état présent de la biologie puisse offrir ; on pourrait obtenir par là une théorie du perfectionnement des espèces vivantes, y compris même l'espèce humaine.

2. — *L'œuvre de Darwin.*

A. Pourquoi l'œuvre de Darwin fut mieux accueillie que celle de Lamarck.

B. La lutte pour la vie dans les agrégats cellulaires.

C. Des rapports de l'œuvre de Darwin à celle de Lamarck.

A) Le célèbre ouvrage de Darwin, paru en 1859 et intitulé : *De l'Origine des espèces au moyen de la sélection naturelle dans les règnes animal et végétal ou de la survivance des races les mieux organisées dans la lutte pour la vie*, ne contribua qu'indirectement à créer le courant d'idées réclamé par Auguste Comte. L'impulsion qu'il apporta, et qui fut telle qu'on n'en enregistre peut-être pas d'aussi importante dans l'histoire des sciences, était, en effet, plutôt défavorable à la mésologie. On sait que Darwin ne rendit hommage à l'importance du facteur « milieu » dans la genèse des races que dans les dernières éditions des *Variations des animaux et des plantes*, où il reconnaît que la sélection naturelle « n'a rien à faire avec la cause originelle d'une modification quelconque de la structure ».

B) Pourquoi, se demande à ce propos M. Le Dantec, a-t-on accueilli avec un tel enthousiasme la sélection naturelle, facteur d'élimination et de fixation dont le mode d'action est subordonné aux caprices du hasard, et avec indifférence la *Philosophie zoologique* de Lamarck qui pénétrait bien plus profondément dans la recherche des causes ? — C'est là une question qui s'est présentée à nous dès le jour où nous avons pris contact avec l'œuvre des deux naturalistes, et il nous semble que sa solution est avant tout d'ordre psychologique.

Pour s'initier à l'œuvre de Lamarck il fallait en quelque sorte accomplir avec lui et sous sa direction le travail d'ajustage et de démontage imposé à tous ceux qui se proposent de reconnaître quelques-uns des rouages de l'univers. Darwin au contraire a appelé l'attention de ses contemporains sur un fait qu'ils avaient observé avant lui sans en prendre une conscience suffisante et montré l'importance insoupçonnée de ce fait dans la formation des espèces. Le lecteur devenait ainsi quelque chose comme un collaborateur de l'auteur. Il n'avait rien à extraire, rien à reconstituer, mais seulement à saluer une vieille connaissance, la *lutte pour la vie*, à laquelle il suffisait d'avoir pensé, comme à l'œuf de Colomb, pour la traiter avec tous les égards dus à son rang dans la chaîne des causes.

On obéissait encore à la loi du moindre effort en préférant une œuvre où *l'observation* tenait une place prépondérante. Entre des influences « subtiles » comme celles mises en jeu par Lamarck, et des facteurs d'importance secondaire mais de forme tangible, l'appréciateur n'hésite pas. Il accueille dans son admiration et sa mémoire ce qui fournit la plus riche pâture à ses représentations mentales.

Qu'il nous soit permis maintenant de dire que cette digression n'a pas pour but de diminuer la portée d'une œuvre géniale et entre toutes féconde, mais seulement de mettre en lumière des considérations évoquées par maint chapitre de l'histoire des sciences.

« L'inventeur qui, à côté du pur progrès des idées, peut présenter quelque chose d'intuitif sous forme d'expérience ou d'objets nouveaux réussit bien plus facilement, nous dit Ostwald, que celui qui ne travaille que sur des idées.

La découverte de la loi des phases par Gibbs est restée complètement négligée pendant une dizaine d'années... on peut en dire autant de la découverte de la loi de la conservation de l'énergie... ; si Helmholtz n'avait pas donné avec l'ophtalmoscope une preuve de son savoir compréhensible au plus grand nombre, il aurait probablement... attendu plusieurs lustres avant de s'imposer » ; mais peut être la conception des lignes de force de Faraday nous offre-t-elle l'exemple le plus frappant du désavantage qui s'attache au pur travail de pensée *rassemblant des faits préexistants disparates sans exiger ou sans apporter de nouvelles expériences qui s'y rattachent* » (Ostwald).

Si nous citons ici ces assertions, c'est naturellement pour en faire l'application à l'histoire de notre science. Le morphologiste, lui aussi, *rassemble des faits préexistants disparates* ; il apporte, il est vrai, des *expériences* à l'appui de la synthèse ainsi réalisée puisqu'il fait, par exemple, varier la forme, la consistance et la sonorité d'un abdomen avec la densité des aliments ingérés, mais non point de ces expériences de laboratoire qui empruntent leur prestige plus encore à leur supériorité en tant qu'*élément de représentation mentale* qu'à la satisfaction apportée à la plus haute des prérogatives humaines : l'aspiration à l'absolu.

C) Après avoir ainsi ramené à ses causes la difficulté qu'éprouvent à s'imposer des œuvres qui, comme celles auxquelles cet ouvrage est consacré, apportent surtout des idées *directrices*, capables d'apporter aux recherches scientifiques une orientation nouvelle (1), nous reprendrons le cours de notre excursion historique.

Abstraction faite de la découverte de quelques variations corrélatives, de l'hommage rendu par lui à la loi de balancement organique et au rôle du milieu dans l'ontogénie et de l'établissement de la loi dite d' « économie de croissance (2) l'œuvre de Darwin n'a, comme nous le disions plus haut, apporté à l'édification de la morphologie qu'une contribution indirecte représentée par une immense impulsion aux sciences naturelles, par l'appel de l'attention sur des causes de variation qui paraissaient négligeables tant qu'on ne tenait pas compte de la persistance de leur action, et par la lumière qu'a projetée la notion de « *lutte pour la vie* » sur le déterminisme des agrégations cellulaires.

Un jour vint où les biologistes, armés de leurs

----

(1) Un exemple suffit pour montrer l'importance de ces idées directrices. La découverte de la vaccine est restée un fait isolé jusqu'au jour où elle est apparue plus ou moins explicitement comme une manifestation de la loi d'habitude formulée par Lamarck. Lorsqu'on a compris que le sang d'un animal peut acquérir l'habitude de résister à un agent pathogène, conserver cette habitude lorsqu'il est extrait de l'organisme, la transporter avec lui et la communiquer à un autre organisme, une science nouvelle est née : la *sérothérapie*.

(2) Cette loi est la suivante. « Si une conformation utile devient moins utile dans de nouvelles conditions d'existence, la diminution de cette conformation s'ensuivra certainement, car il est avantageux pour l'individu de ne pas gaspiller de la nourriture au profit d'une conformation inutile ».

microscopes, découvrirent que les tissus vivants sont le théâtre de luttes aussi et peut-être même plus ardentes que celles qui arment les êtres les uns contre les autres. Ils établirent que la cellule vivante — telle ces tyrans qui veulent « sur la terre avoir toute la place » — dispute à des concurrents de même espèce les éléments de sa substance, cherche à étendre sa domination sur des espaces toujours plus grands et ne trouve d'obstacle à la réalisation de ses ambitions que dans les limites de sa puissance originelle et les prétentions des cellules voisines.

A Wilhelm Roux, revient l'honneur d'avoir démontré le premier que les manifestations de la loi de *compensation* ou *balancement organique*, si souvent évoquée au cours de cette étude, pouvaient être ramenées à une « lutte pour l'espace » s'appliquant aux composantes et aux dimensions respectives (longueur, largeur, épaisseur) d'un agrégat cellulaire.

Les substances qui entrent dans la composition de la cellule sont, nous dit cet auteur, placées dans des conditions de milieu telles que certaines d'entre elles se développent plus que d'autres et acquièrent dans l'ensemble de l'édifice une place prépondérante.

Les molécules cellulaires reçoivent en outre des excitations diverses auxquelles elles réagissent avec d'autant plus de force qu'elles sont plus adéquates à leur nature ; ces différences dans les aptitudes réactionnelles des groupes moléculaires ont pour résultante une différence correspondante dans l'assimilation réalisée, et par conséquent dans le développement des diverses parties de la cellule ; l'espace dans lequel celles-ci se juxtaposent les unes aux autres étant limité, une lutte s'exerce entre elles, *la lutte pour l'espace*, qui, par la suite, se poursuit entre les tissus et les organes, au profit de celles des unités cellulaires histologiques et organiques auxquelles leur composition chimique et leur situation locale confèrent les facultés d'assimilation les plus développées.

Cependant l'exercice même de cette faculté développe l'énergie des groupes qui la possèdent, si bien que la cellule se trouve amenée par voie d'élimination à ne plus répondre qu'à la catégorie d'excitations favorisant l'activité de ses éléments prédominants. Cette réponse constitue désormais sa *fonction* et c'est ainsi que *l'excitation fonctionnelle* est à la source de la morphogenèse, ou, pour parler plus simplement, que la fonction crée l'organe.

Chaque élément histologique réagit à un excitant particulier ; c'est par exemple, la lumière qui a façonné l'œil, le son l'oreille, et ainsi de suite pour tous les organes sensoriels. Nous citons cette dernière assertion à cause de ses applications à la morphologie humaine. Comme Sigaud encore, Wilhelm Roux, attribue à l'exercice de la mastication le développement des mâchoires et du maxillaire inférieur. On sait, dit-il, que cette partie de la face s'atrophie chez les vieillards privés de dents depuis de longues années (1).

D) Il restait à mettre en lumière les rapports créés par ces points de vue entre l'œuvre de Darwin et celle de Lamarck.

Dans le domaine physiologique, les excitations extrinsèques ont pour résultante une *lutte pour la vie* des agrégats cellulaires, impliquant la *persistance des plus aptes* d'entre eux ; dans le domaine pathologique l'aptitude qu'acquiert, par exemple, une bactéridie charbonneuse à vivre dans un mouton, c'est-à-dire à *s'adapter* à ce mouton, doit être considérée comme une victoire remportée par elle sur les cellules de l'animal. Par conséquent, *l'adaptation au milieu* et *la lutte pour la vie* sont un seul et même fait réalisé à deux échelles différentes.

Cette aperception à laquelle restera attaché le nom de Le Dantec nous apparaît, malgré les critiques dont elle a été l'objet, comme féconde.

Que l'influence du milieu et la lutte pour la vie aient été aux yeux de Darwin des phénomènes absolument distincts, cela est indéniable, mais le rôle des commentateurs est précisément de retrouver sous l'apparente hétérogénéité des théories,

(1) Yves Delage fait remarquer qu'il peut y avoir là une manifestation de senilité indépendante des effets de la désuétude.

l'homologie créée entre elles par le mécanisme même de la vie.

Il nous mettent ainsi de façon constante, en présence d'une nature, qui, parce qu'elle est « avare de moyens et prodigue de résultats » demande la diversité des effets moins à la *nature* des rouages mis en œuvre qu'à leurs *dimensions respectives* et aux divers *rythmes* dont elle les anime. Et ils augmentent par là même, le nombre des *rapports* sur la découverte desquels s'édifie la science.

En ce qui concerne la théorie dont nous parlons, le fait que les luttes qui s'exercent entre les agrégats sont bien secondaires à *l'action des milieux cosmiques* est démontré par la loi de Bertillon, laquelle met en lumière le rôle des processus compensateurs dans la genèse des *races*. Cette loi s'énonce ainsi : « Quand dans un même groupe ethnique, on compare entre elles les mensurations des diverses parties du corps, on observe qu'à mesure que l'une d'entre elles s'accroît, les valeurs moyennes de toutes les autres croissent en valeur absolue, mais décroissent en valeur relative par rapport à la première prise comme mètre. »

L'œuvre de Sigaud nous montrera elle aussi qu'il est impossible de pénétrer dans l'intimité des processus vitaux sans percevoir dans la dissymétrie organique le résultat de luttes cellulaires provoquées par l'action des milieux cosmiques.

Ceci posé, on peut se demander quel est le déterminisme de cette dissymétrie.

Pourquoi les milieux cosmiques ne peuvent-ils modeler que des organismes dont les parties constitutives sont inégales en force et en dimension ? — C'est sans doute parce que l'univers lui-même est dissymétrique. Telle était du moins l'opinion de Pasteur, qui rattacha la dissymétrie organique à une propriété plus générale de la matière.

« La vie, dit-il, est dominée par des actions dissymétriques. Je pressens même que toutes les espèces vivantes sont primordialement dans leur structure, dans leurs formes extérieures, fonction de la dissymétrie cosmique.

Nous verrons ce concept acquérir toute son ampleur dans l'œuvre de Sigaud, en même temps que seront dégagés les bénéfices attachés pour l'espèce humaine à sa mise en lumière.

CHAPITRE VIII

LA NOTION DE TEMPÉRAMENT ET LE POINT DE VUE
MORPHOLOGIQUE AUX XVIIIᵉ ET XIXᵉ SIÈCLES

1. — *La notion de tempérament chez les médecins (1).*

La notion de tempérament fut très en honneur
chez les médecins du xviiiᵉ siècle. Ceux-ci firent
un effort pour l'incorporer à la médecine solidiste en substituant à la considération de la prédominance des humeurs, celle de la prédominance des organes ou *appareils*. Barthez, Hallé,
Cabanis donnèrent du tempérament des définitions énergétiques. Le premier vit en lui l'expression de l' « énergie totale des forces » de « leur
énergie respective dans les divers organes » et
des « modifications générales ou particulières de
ces forces que produit le pouvoir de l'habitude ;
le second estima le tempérament déterminé par
« celles des diversités de proportion et d'activité

---

(1) La plupart des renseignements rassemblés sous cette
rubrique sont empruntés à Dechambre. Art. « Tempérament » du
Dict. des sciences méd.

entre les diverses parties du corps » qui sont « assez importantes pour modifier l'économie. »

« Chez les uns, dit Cabanis, le système musculaire semble tout attirer à lui ; chez d'autres, le système cérébral et nerveux joue le principal rôle. » Et il fait remarquer que le type *musculaire* n'a pas d'équivalent dans les théories humorales, et proclame la participation à la genèse du tempérament des prédominances *sensitive, motrice, génitale et pulmonaire*. Hallé distingue des tempéraments *généraux* rapportables « aux systèmes vasculaires, et aux proportions respectives de ces systèmes, au système nerveux et au système musculaire » des tempéraments *partiels* parmi lesquels figurent ceux rapportés aux régions céphalique, thoracique et abdominale, et des tempéraments *acquis* dus à l'action exercée par les milieux sur la constitution originelle : il établit en outre un lien entre la nature et le siège des manifestations morbides. « Suivant qu'une même disposition organique engendre des perturbations dans les régions *céphalique, thoracique* et *abdominale*, dit-il, on se trouve en présence d'hémorragie nasale, de congestion pulmonaire ou d'hémorrhoïdes. » Mais Rostan fut nous dit-on le premier qui rattacha le domaine entier des tempéraments à celui des grands appareils. Il faut apporter à cette appréciation la restriction que l'idée développée par Rostan avait été, comme nous l'avons vu, exprimée par Bordeu.

« Il est rare, dit Rostan, de voir régner un équilibre parfait dans les divers systèmes de l'économie animale. Presque toujours un système domine tous les autres. Il est facile de comprendre
que la prédominance d'un appareil doit apporter
une modification importante à notre constitution
physique et morale… tantôt l'appareil gastro-intestinal prédomine et il résulte de cette prédominance un type particulier d'organisation ; tantôt
ce sont les appareils respiratoire et circulatoire,
d'où une nouvelle constitution. Ailleurs ce sont
les appareils de la locomotion ; d'autres fois les
appareils de l'innervation ou de la génération etc.
Ce sont ces diverses prédominances qui, selon
moi, caractérisent les diverses constitutions organiques, constitutions aussi nombreuses que nos
appareils organiques et leurs modes infinis de
combinaisons. Tout cela rend un compte suffisant
des variétés sans nombre de tempéraments que la
nature présente à notre observation. Cette manière de considérer l'organisme me semble infiniment plus claire, plus précise que toutes les
autres ».

Ces considérations amènent Rostan à établir
des tempéraments caractérisés par la prédominance des appareils *digestif*, *respiratoire*, *encépha-
lique*, *locomoteur* et *génital*. La prédominance respiratoire est selon lui, toujours associée à la prédominance circulatoire ; elle se manifeste par
« une poitrine large, développée, médiocrement

chargée d'embonpoint ; » la prédominance digestive se manifeste surtout par la nature du teint, du regard, de la chevelure et des caractéristiques psychologiques (qui sont d'ailleurs établies pour chaque tempérament) ; elle est liée dans l'esprit de l'auteur moins au développement matériel du système digestif qu'à l'exubérance de sa *vitalité*, qui est pour lui une source de *vulnérabilité*.

Les maladies qui frappent le système digestif sont — et c'est là une observation digne de remarque — dues « *à sa prédominance et non à sa faiblesse* ». Les types établis par Rostan sont les suivants : *crânien, thoracique, abdominal, thoraco-abdominal, crânio-abdominal et crânio-thoracique.*

A la même époque, des types à peu près analogues furent décrits par Thomas, mais ils se rapportent moins à la détermination de l'individualité qu'à celles des phases de l'évolution individuelle fournies par le mode de différenciation des divers appareils organiques.

De nos jours, Beneke distingua trois catégories de constitutions : la première caractérisée par un grand développement du cœur, des artères, du foie, de l'intestin et un faible développement des poumons, la seconde correspondant à des rapports inverses, et la troisième à l'absence de dissymétrie organique. Il a eu en outre, nous dit Viola, le mérite d'établir des rapports entre la nature du type morphologique et les prédispositions morbides, mais la détermination du type ayant pour fondement des mensurations qu'on ne peut faire que sur des cadavres, la méthode est pratiquement inutilisable.

En résumé, la notion de tempérament n'a, en dehors des œuvres qui seront étudiées dans les pages suivantes, joué jusqu'ici aucun rôle en médecine. Si l'on a opposé l'étude du terrain à celle de l'agent pathogène et proclamé qu'il n'y a pas de maladies, mais seulement des malades, c'est sans rechercher d'autres critériums de la constitution individuelle que ceux représentés par l'efflorescence morbide même.

2. — *La notion de tempérament chez les anthropologistes*

A. Le tempérament et les milieux cosmiques.
B. La signification physiologique des diverses parties du corps, et la subordination des caractères.
C. L'élément « rythme » dans la genèse du tempérament.

A) Les anthropologistes qui ont étudié le tempérament dans ses rapports avec les milieux extérieurs sont très nombreux. Nous n'en saurions citer ici qu'un petit nombre.

Prichard a écrit en 1845 un ouvrage intitulé : *The natural history of Man comprising inquiries into the modifying influence of physical agencies on the diffé-*

rent tribes of the human Family, dans lequel les théories de Montesquieu sont appliquées à l'étude des races.

Il s'efforce d'y démontrer que la couleur des races est fonction du climat, « les races noires appartiennent aux régions tropicales, les races blanches à des régions éloignées des tropiques, et les races de couleur à des régions intermédiaires... Et quelle différence n'y-a-t-il pas entre l'Arabe agile et mince qui vit de quelques dattes et d'un peu d'eau, et l'Esquimau replet, nourri d'huile de phoque !... Dans d'autres cas, les facteurs qui déterminent le tempérament nous sont inconnus, mais ils doivent toujours être cherchés dans les conditions d'existence ».

Ranke a fait des rapports de l'homme aux milieux la base d'une division de l'humanité en 3 catégories représentées par les *femmes*, les *hommes adonnés au travail mécanique*, et les *hommes ne dépensant pas d'activité musculaire* ; ces trois groupes diffféraient entre eux par les dimensions de la tête, du tronc, des membres, la tête étant d'autant plus volumineuse, le tronc d'autant plus allongé, et les extrémités d'autant plus courtes que la dépense de force musculaire est plus faible.

Aujourd'hui ces tendances se généralisent ; les géographes surtout « rappellent l'ethnographie et la statistique au respect de la carte » (Ratzel) et s'efforcent de mettre en pratique les idées exposées par Hippocrate dans son *traité des Airs, des Eaux et des Lieux* et par Montesquieu dans *l'Esprit des lois*.

« Ils rapprochent le berger suisse, grimpant tous les printemps vers l'Alpe montagneuse, débarrassée de la neige, et le pasteur kirghiz qui au début de l'été fait l'ascension des Tian-Chan... les bateliers pêcheurs de l'Amazone et les tribus qui vivent sur leurs flotilles au Congo... les jardiniers opiniâtres qui noient leur riz dans les nappes boueuses, don du Yang-Tsen ou du Gange... les éleveurs de moutons errant sur les steppes odorantes de l'Afrique du Nord, de la Syrie ou de l'Australie du Sud » (J. Ancel).

De toutes ces aspirations naît une science nouvelle, la *géographie humaine* — science de ce que la terre doit à l'homme et de ce que l'homme doit à la terre — qui se propose d'étudier la géographie et l'histoire dans leurs rapports réciproques, les modes d'extension et de répartition des races, l'influence des milieux telluriques sur leur genèse, etc., etc, et dont la *morphologie humaine* constituera un jour une branche importante.

Quant aux observations isolées relatives à l'influence du climat et du genre d'occupation sur les formes extérieures, elles sont légion.

B) Mr P. Richer a, de nos jours, fait du développement du thorax et de celui de l'abdomen les caractéristiques d'un type *thoracique* et d'un type *abdominal*.

Mais l'anthropologiste le plus étroitement aparenté aux morphologistes modernes est M. Manouvrier qui a donné pour base aux recherches antropologiques la prise en considération du *rapport entre le développement de l'organe et celui de la fonction*, et de la *subordination des caractères*.

En vertu de ces principes, il proclame la nécessité d'étudier le développement de chacune des parties de l'organisme au point de vue de sa « signification physiologique », c'est-à-dire en considérant chaque système ou fragment de système comme *représentatif de la fonction qu'il exerce*; le fémur et l'humérus nous renseigneront par exemple sur la valeur de la fonction musculaire, le développement de la mandibule sur celui des fonctions digestives et des fonctions de nutrition en général. « L'étude du crâne, ajoute-t-il, et aussi celle du cerveau ont été jusqu'ici trop isolées de l'étude du reste de l'organisme, et le rapprochement de ces études peut éclaircir bien des questions importantes ».

Le même auteur se rattache à l'école morphologique par sa classification des tempéraments (tempéraments sthénique, mésosthénique, hyposthénique pour le degré physiologique ; hypersthénique et asthénique pour le degré pathologique). Celle-ci est fondée sur la considération

des facteurs suivants : *développement absolu et relatif des diverses parties du corps ;* (c'est-à-dire du
corps et des systèmes, unités plus complexes que
les appareils) développement *absolu et relatif des*
appareils *digestif, circulatoire, respiratoire, cérébral locomoteur et génital.*

C) Le tempérament n'est pas déterminé seulement par des prédominances d'organes ou de
systèmes. Un de ses éléments est le *ryhme*, c'est-
à-dire le degré de rapidité avec lequel s'effectuent
les réactions fonctionnelles. Cette notion, nous
dit M. Manouvrier, apparaît pour la première
fois chez Virey, un médecin. Parmi les modernes
qui y ont fait appel, on peut citer, en dehors
de Sigaud qui lui a apporté de grands développements, Fouillée et Ostwald, qui tous deux
estiment que l'élément « rythme » domine implicitement la vieille division des tempéraments en
sanguin, bilieux, phlegmatique et *mélancolique* ; les
types *sanguin* et *bilieux* correspondent aux réactions *vives*, les types *flegmatique* et *mélancolique*
aux réactions *lentes.*

Fouillée a en outre enregistré entre le tempérament et la morphologie céphalique des rapports intéressants pour nous parce que nous les
retrouverons chez les médecins morphologistes.

« Le visage des nerveux, dit-il, va parfois en
s'amincissant sauf vers le bas, à partir d'un front
large et élevé, ce qui peut donner à la figure une

certaine ressemblance avec la forme d'un V.

Selon nous, cette forme de visage tient à la prédominance des fonctions cérébrales qui grossit le haut de la tête et à l'affaissement des fonctions nutritives qui en amincit le bas. « En effet, chez les sanguins la tête n'ira pas en s'amincissant vers le bas et elle sera plus souvent ronde ou carrée ; le nez sera fort et large.

« Au monument d'Albert à Hyde-Park, ajoute l'auteur, sont sculptées cent soixante-neuf figures de poètes et d'artistes fameux. Ils ont un air évident de parenté, surtout les poètes, les musiciens et les peintres : cerveau développé, front élevé au-dessous duquel le visage va diminuant ; long cou, corps svelte » (1).

Nous aurons dit tout ce qui dans l'orientation actuelle de l'anthropologie s'harmonise à quelques-unes des données de la morphologie humaine, lorsque nous aurons signalé la tendance actuelle des anthropologistes à baser leurs classifications sur la considération de la conformation générale de la face et du crâne, plutôt que sur celle des angles faciaux, et des indices céphalique, nasal, orbitaire, etc. A ce point de

______

(1) La valeur de faits de cet ordre est, il est vrai, restreinte par la tendance des artistes à pourvoir les grands hommes de fronts élevés. Plus est grand le nombre des années écoulées depuis la mort d'un penseur, nous dit Piderit et plus son front s'agrandit. Les portraits les plus authentiques de Shakespeare et de Gœthe, ceux qui ont été faits pendant la jeunesse, ont des fronts moyens ; les autres ont des fronts énormes.

vue, la classification physiognomonique de Sigaud présente des points de contact avec celles de Bertillon et de Sergi.

3. — *La Percussion, l'Auscultation, et l'Anatomie clinique.*

A. La Percussion,
F. L'Auscultation.
C. La médecine anatomo-clinique.

La définition que nous avons donnée du mot « morphologie » est incompatible avec un aperçu complet de l'histoire de cette science si condensé fût-il. Il est bien évident, en effet, que toute perturbation fonctionnelle un peu accentuée se manifeste par des variations dans l'aspect extérieur du corps, et que l'histoire de la morphologie se confond, par conséquent, avec celle de la séméïotique. Mais parmi les chercheurs qui ont agrandi le vaste domaine de cette dernière science, il en est dont l'œuvre se rattache de façon absolument directe à celle de Sigaud et de Giovanni. Ce sont ceux auxquels on doit la *percussion*, *l'auscultation*, et la méthode de diagnostic dite « *anatomo-clinique* ». Naturellement, nous ne nous étendrons pas ici sur l'œuvre géniale d'Avenbrugger, de Laennec, de C.. rcot et de leurs continuateurs. Il nous suffira de dire quelques mots de leur rôle dans l'évolution de la médecine.

A) On sait que la *percussion* est l'interprétation des bruits que fournit une région quelconque de l'économie lorsqu'on la frappe légèrement du doigt, soit *médiatement*, soit *immédiatement*, c'est-à-dire en interposant un objet ou un doigt, entre la région percutée et le doigt percutant.

C'est surtout la région *thoracique* qui a jusqu'ici bénéficié de ce mode de diagnostic. Nous verrons par la suite qu'il acquiert son maximum de fécondité lorsqu'il est appliqué à la région *abdominale*, mais ses données classiques sont déjà assez importantes pour autoriser les juges compétents à absorber dans la percussion et dans l'auscultation la presque totalité de la séméïotique.

Bien que traduit en français 7 ans après sa publication (1770) et apprécié dès ce moment par quelques médecins, l'ouvrage d'Avenbrugger intitulé : *Des maladies de la poitrine. Nouvelle méthode pour reconnaître les maladies internes par la percussion de cette cavité*, tomba dans le plus profond oubli jusqu'au jour où Corvisart s'avisa de le traduire et de le commenter. Par la suite, Piorry donna au procédé de la percussion des applications beaucoup plus nombreuses que celles d'Avenbrugger, mais quelques-uns des rapports établis par Piorry furent infirmés par ceux des théoriciens de la percussion qui étudièrent le *déterminisme des sons organiques*, en particulier par Skoda.

Parmi les applications données par Piorry à la percussion figurait la *percussion abdominale*, mais celle-ci n'était pas appliquée à l'appréciation de la fonction ; elle n'a par conséquent aucun rapport avec les données dont nous parlerons dans les pages suivantes. On peut en dire autant de la *palpation* et de *l'inspection* qui n'ont dans la médecine classique que des applications restreintes.

B) Beaucoup plus importante encore que la découverte de la percussion fut celle de *l'auscultation* qui est, on le sait, l'interprétation des bruits que l'on peut percevoir en appliquant l'oreille soit directement sur une région de l'organisme, soit sur un appareil interposé entre l'oreille et la région auscultée. Comme la percussion, l'auscultation est appliquée surtout à la région thoracique. Son rôle dans l'histoire de la médecine, correspond à celui de la circulation du sang dans l'histoire de la physiologie.

L'œuvre de Harvey et celle de Laënnec ont substitué la réalité aux systèmes, permis à l'étude de la vie de passer du domaine de l'hypothèse dans celui de l'observation.

Laënnec fut amené à son immortelle découverte par la constatation d'un rapport entre la résonance de la voix et l'intensité de l'altération pulmonaire.

Il appliqua immédiatement le procédé de l'auscultation à la toux, aux râles, aux souffles, en un mot à tous les bruits respiratoires. Alors que l'œuvre d'Avenbrugger avait dû être fécondée pour acquérir toute sa portée, celle de Laënnec fut amenée d'emblée à son ultime degré de perfection. Le grand clinicien « moissonna à pleines mains ce nouveau champ d'observation laissant à peine de quoi glaner à ses successeurs » (Barthe et Roger).

Quelques-unes des critiques qui accueillirent le *Traité de l'Auscultation médiate*, sont intéressantes à enregistrer. Le nouveau procédé, dit un contemporain, « déshabitue les médecins de conjecturer ». On reprocha en outre à Laënnec le nombre et l'exactitude des données par lui recueillies.

« Pour noter tant de phénomènes divers, saisir tant de nuances, apprécier tant d'effets différents, distinguer et analyser tant d'actions vitales et d'anomalies pathologiques procédant des parties d'un même organe, il a fallu, dit un commentateur, une patience peu commune, et une manière d'analyser que beaucoup de lecteurs regarderont comme trop minutieuse ».

Peut-être pourrait-on, malgré le développement actuel de la curiosité et des connaissances scientifiques, rapprocher l'état d'esprit qui a commandé cette appréciation de celui qui s'oppose à une plus complète diffusion des procédés d'exploration et de diagnostic dont nous parlerons plus loin, mais nous abandonnerons ce soin à la postérité. Nous préférons ne laisser subsister entre l'œuvre de Laënnec et celle des morphologistes modernes que les rapports permettant de voir en elles la réalisation d'aspirations identiques, à la source desquelles on trouve *l'alliance du sens clinique et du positivisme scientifique.*

En cette communauté d'aspiration se résument les liens qui unissent le procédé de l'auscultation aux procédés de diagnostic découverts par Sigaud. Une filiation directe unit au contraire l'œuvre de Laënnec à celle de Giovanni, puisque celui-ci a, comme nous le verrons, trouvé dans l'œuvre de notre grand clinicien l'idée première de sa méthode d'examen morphologique du cœur.

C) Il y a en outre un lien, que nous ne ferons qu'indiquer, entre les procédés de la médecine morphologique et ceux de l'école dite « anatomo-clinique » dont Charcot est le chef, et qui consistent à rechercher sur le cadavre le substratum matériel des troubles observés sur le vivant. Représenté seulement dans l'œuvre de Sigaud comme le font remarquer ses élèves, par la recherche des *conditions anatomo-physiologiques correspondant aux symptômes observés,* ce lien devient tout à fait direct en ce qui concerne Giovanni qui est disciple de Charcot et lui a dédié son œuvre.

LIVRE II

État actuel

DE LA

Morphologie humaine

A. — La Morphologie de Sigaud

PREMIÈRE PARTIE

Genèse de la Morphologie de Sigaud (1)

CHAPITRE IX

Histoire d'une idée

1. — *But de l'histoire des idées*

« Celui qui verrait croître les choses depuis le commencement, dit Aristote, les verrait de la manière la plus parfaite ».

Le clinicien dont nous allons parler, le docteur Sigaud, exprime une pensée analogue. « Les phénomènes en apparence les plus complexes peuvent s'é-

(1). La science étudiée dans ce livre étant représentée par deux œuvres complètement indépendantes l'une de l'autre, celle de Sigaud et celle de Giovanni, et la morphologie de Sigaud étant elle-même relative à des chapitres très divers de physiologie clinique, nous avons pensé assurer la clarté de notre exposé en l'encadrant dans de nombreuses subdivisions.

claircir soudain d'une façon saisissante, dit-il, si on sait les envisager en quelque sorte à l'*état naissant* ». Ces deux formules ne visent que l'étude des phénomènes, mais on peut les étendre à l'étude des idées. Pour comprendre toute la valeur d'un point de vue ou d'une théorie, il faut connaître sa genèse : il faut savoir comment l'homme arrache, parcelle par parcelle, à la nature indifférente les éléments des fils conducteurs qu'il appelle des lois ; comment des observations, souvent purement empiriques ou intuitives, sont d'abord recueillies et collectionnées par un ou plusieurs penseurs, groupées ensuite d'après leurs caractéristiques communes, et enfin envisagées comme la manifestation ou l'aspect particulier d'observations plus générales, lesquelles pourront elles-mêmes être successivement rattachées à des faits empreints d'un caractère de généralité de plus en plus accentué, dont les derniers apparaîtront comme le tronc d'un arbre aux branches divergeantes.

Cette méthode didactique si satisfaisante pour l'esprit parce qu'elle apporte aux faits établis ou « processus réduits » l'appui des « processus réducteurs » (Thooris), c'est-à-dire des déductions qui se sont successivement imposées à l'esprit des observateurs, nous nous sommes efforcés de la suivre jusqu'ici. Bien que ce livre s'adresse surtout à une classe de lecteurs familiarisés avec l'histoire de la philosophie scientifique, nous nous sommes plu à remonter jusqu'aux sources du concept d'évolution, et à le voir emprunter à la confirmation progressive apportée par l'expérience une consistance toujours plus grande.

Nous voici arrivés au point de notre étude où ce qui fut successivement un germe impalpable, une plante à la frêle racine et une fleur épanouie, va donner naissance à des fruits, autrement dit à des aperceptions applicables à l'amélioration de la santé, à l'édification des individualités et des destinées.

Et bien que l'étape maintenant atteinte ait été le but même de notre excursion historique, nous ne sommes point sans éprouver ici quelque embarras. Plus est profonde en nous la conscience de l'importance et de la fécondité des principes que nous allons exposer, et plus nous sentons l'impuissance où nous nous trouvons d'en enfermer le contenu dans le cadre étroit d'un résumé incomplet et forcément schématique.

Comment extraire les idées fondamentales d'un livre qui a pour objet « l'homme vivant, c'est-à-dire subissant l'action des excitations qui lui viennent du monde extérieur et réagissant au contact de ces excitations » sans transformer le produit direct de l'observation en une sorte de système philosophique? Si le clinicien, au moment d'exposer ses vues, éprouve un instant de découragement devant l'impossibilité d'étreindre les acquisitions de l'expérience par la pensée, et le contenu de la pensée par la parole (1) ; combien ce découragement est plus grand encore pour celui qui se trouve contraint par le but même qu'il poursuit, à ne considérer pour ainsi dire que le squelette d'une œuvre essentiellement vivante ! Nous prierons donc le lecteur de voir dans le présent résumé une invitation à étudier l'œuvre de Sigaud. Si, sans appartenir au monde médical, il est seulement curieux de la Vie et et de ses lois, qu'il lise tout d'abord l'ouvrage si clair de Sigaud et Vincent intitulé *Les Origines de la maladie*, puis les études des élèves du clinicien lyonnais ayant pour but de retracer les grandes lignes de son œuvre et d'en dégager les données essentielles (2). Il éprouvera alors le désir de connaître l'œuvre plus complexe qui a été le point de départ de ces ouvrages de vulgarisation et abordera la lecture du livre intitulé *Traité clinique de*

(1) Voir Sigaud. Traité de la Digestion. T. II.

(2) Ces études, représentées en majorité par des thèses et des articles publiés dans des journaux médicaux sont très nombreuses ; nous ne citerons ici que les plus importantes de celles qui se rapportent à l'Exploration externe du tube digestif :

Chaillou et Mac-Auliffe. *Précis d'Exploration externe du tube digestif.*

Anthoine. *Inspection de l'abdomen d'après la méthode de Sigaud* (thèse de Paris 1905).

Nachmann. *Tension abdominale et palper de l'abdomen d'après la méthode de Sigaud* (thèse de Paris 1908).

Beguier. *La percussion abdominale d'après la méthode de Sigaud* (thèse de Paris 1910).

Guéneau. *Exploration externe du tube digestif* (1913.)

la digestion et du régime alimentaire d'après les données de l'exploration externe du tube digestif, puis celle de l'ouvrage qui est le couronnement de cet édifice, *La Forme humaine.*

Mais si le lecteur veut prendre conscience du travail d'assimilation auquel correspond cet ouvrage fondamental, qu'il passe de sa lecture à celle du 1ᵉʳ des livres de Sigaud, le *Traité des troubles fonctionnels mécaniques de l'appareil digestif* paru en 1894.

Ce livre, nous dit l'auteur en 1900 « n'a aujourd'hui d'autre intérêt que de présenter un premier groupement de faits cliniques suggéré à un observateur novice qui aborde un terrain jusqu'alors à peu près inexploré ». Et en effet, nous ne conseillerons pas de s'initier par son étude aux idées actuelles de son auteur ; on risquerait de croire érigées en vérités acquises des hypothèses qui ont été désavouées par la suite. Mais il est nécessaire de lire ce premier ouvrage après les autres pour voir Sigaud s'élever de déduction en déduction aux lois les plus générales de la vie ; pour comprendre que la substance de son œuvre est la réalité même, et que tout ce qu'elle peut avoir d'un peu théorique est dû à la nécessité de classifier pour comprendre et d'abstraire pour classifier.

La science a été définie par le grand mathématicien Bertrand : Un maximum de faits réduits à un minimum de lois ». Cette formule implique qu'une œuvre est d'autant plus riche et suggestive que l'expérience s'y présente sous une forme plus condensée, et que son auteur a mieux satisfait à l'idéal qui consiste, comme le disait déjà Platon, à découvrir « l'un dans le multiple ». Toutefois il faut que le contact pris avec cette œuvre soit dénué de tout caractère superficiel pour qu'on puisse retrouver dans chacun de ses éléments une émanation de la réalité. La nature ne nous présente en effet que des phénomènes complexes. Si un observateur patient et perspicace s'avise de démonter quelques-uns de ces phénomènes pour nous en faire connaître le mécanisme fondamental, nous sommes tout déconcertés, car il nous faut, pour reconstituer l'ensemble auquel nous sommes habitués, accomplir un travail d'ajustage, devant lequel on recule souvent, comme le montre l'accueil respectif fait aux œuvres de Lamarck et de Darwin (1).

C'est pour épargner cet effort au lecteur que nous l'invitons à passer du *Traité clinique de la Digestion*, œuvre de synthèse, au *Traité des troubles fonctionnels mécaniques de l'appareil digestif*, œuvre d'analyse.

2. — *Les surprises d'un clinicien*

Dans ce premier ouvrage, on voit le clinicien observateur et indépendant aux prises avec les

(1) Voir page 82.

complexités de la vie. Jusqu'ici, il s'était trouvé en contact avec des maladies dans lesquelles apparaissaient à heure fixe des symptômes catalogués. A peine si, de temps à autre, quelque perturbation était apportée aux conclusions ainsi édifiées par le spectacle d'un malade d'hôpital qui se permettait de contrevenir aux lois de la nosologie. Les malades d'hôpitaux sont le plus souvent des épuisés chez lesquels prédominent les lésions organiques et les maladies infectieuses, de telle sorte que les manifestations pathologiques qu'ils présentent revêtent assez facilement un caractère de spécificité. De plus, si l'entité cherchée paraît vouloir se dérober quelque peu, le professeur montre les vêtements d'emprunt qui dans le cas présent, lui donnent une forme plus ou moins « larvée » et le tour est joué.

Mais voici que, dans sa clientèle privée, le médecin fraîchement muni de ses diplômes ne retrouve plus aucune des maladies avec lesquelles il avait lié si intime connaissance : ici manquent un ou plusieurs symptômes caractéristiques, là les manifestations sont si complexes qu'il devient impossible de découvrir le syndrome auquel elles se rattachent. Et voilà le pauvre débutant tout désemparé.

Cependant, il n'est pas au bout de ses peines. Après que *les maladies* l'ont berné, voici que *la maladie* elle-même lui fausse compagnie. Beaucoup de ses patients sont venus à lui en désespoir de cause après avoir été déclarés *non malades* par tous les médecins qui les ont examinés. En vain le jeune docteur veut-il rendre responsable de ce grave délit le système nerveux qui prend généralement à son compte la rubrique « profits et pertes » des bilans organiques. Le système interrogé, ne paraît pas devoir être incriminé. C'est alors qu'il comprend la nécessité de demander à l'organisme humain plus qu'aux livres les secrets de la pathologie.

Des déconvenues de cet ordre ont été éprouvées par tous les médecins de quelque valeur, mais la conscience de l'antagonisme existant entre l'individualisme clinique et les entités morbides n'engendre que rarement la capacité d'opposer à ces dernières une science qui soit — comme la vertu et la morale que Zarathoustra exige de ses disciples — une création personnelle. Après expérience faite, la plupart des médecins retournent à leurs livres avec une confiance ébranlée, et un sens plus profond des complexités biologiques. Seuls, les hommes de génie désertent les chemins battus pour créer des voies nouvelles.

Continuons à étudier la manière dont cette évolution s'est accomplie chez Sigaud.

Plus heureux que la plupart des chercheurs adonnés aux mêmes études, l'auteur du *Traité des troubles fonctionnels de l'appareil digestif*, croit avoir trouvé l'une des clés donnant accès dans l'intimité de l'organisme humain. Il s'est en effet aperçu que la plupart de ses malades présentent des troubles de l'appareil digestif, qui paraissent jouer tantôt le rôle de causes, tantôt celui d'effets : la migraine est une manifestation essentiellement digestive à laquelle collabore le système nerveux ; digestifs aussi les prodromes des maladies infectieuses, même lorsque celles-ci sont localisées au cœur ou à l'appareil respiratoire ; dans ce cas, elles se propagent du tube digestif, qui est leur point de départ, aux organes adjacents.

En résumé « on peut affirmer que la dyspepsie est la grande maladie chronique ». Les causes principales des maladies *chroniques* secondaires dont elle est la source sont : la vie sédentaire et l'air confiné. (Il y a à noter ici une idée qui, dans les œuvres définitives, va prendre un magnifique essor).

Mais continuons notre exposé.

L'auteur envisage comme une faveur du destin cette prédominance fonctionnelle du tube digestif, car ce tube, éminemment plastique et malléable, est particulièrement propice à l'observation. Qu'il apparaisse à la palpation comme rempli de duvet ou comme vidé de son contenu, il constitue toujours pour le clinicien un splendide objet d'étude. Le cœcum en particulier est toujours modelé sur son contenu ; on peut en apprécier les caractères de résistance, le calibre, la situation, la mobilité, etc.

Nous n'insisterons pas sur ces notions qui seront retrouvées par la suite. Nous avons seulement voulu signaler la présence dans cet ouvrage, des premiers linéaments de la *morphologie humaine.*

Au surplus, l'appareil digestif lui-même n'avait pas été sans ménager au plus perspicace de ses observateurs des surprises de même ordre que celles précédemment enregistrées. On lui avait enseigné jusqu'à présent qu'il y avait des maladies de l'estomac, du foie, de l'intestin, etc. Or, toutes les fois qu'il s'est penché sur un abdomen, il a observé *la généralisation des troubles fonctionnels sous la forme d'états analogues ou correspondants de chacun des segments digestifs :* bien mieux, cette généralisation paraît souvent s'étendre à la totalité de l'organisme. On dirait par exemple « que les mouvements nécessités par la marche se généralisent peu à peu à tous les muscles de l'économie y compris le tube digestif ».

Autre observation curieuse : Il est des malades sur lesquels le mode d'alimentation semble n'exercer qu'une influence secondaire ; ces malades paraissent surtout sensibles tantôt à l'influence du repos, tantôt à celle de l'exercice ou de l'air. (Situons encore ces deux constatations dans un coin de notre mémoire ; nous les verrons tout à l'heure acquérir leur signification véritable). Il nous reste encore à signaler la division des tempéraments en *Forts* et en *Faibles*, division qui sera perfectionnée dans les ouvrages suivants, et la notion de l'absence de solution de continuité entre l'état de santé et l'état de maladie.

Dès ce premier ouvrage, ces états apparaissent non comme des caractéristiques distinctes et superposables, mais comme l'expression des fluctuations du rythme cellulaire. A cette conception se rattache naturellement la critique de la notion de *cause* qui sera, elle aussi, développée par la suite.

Nous ne dirons rien du chapitre de la thérapeutique, parce que les idées qui s'y rapportent diffèrent peu de celles que nous aurons à exposer dans les pages suivantes. Nous verrons, certes, Sigaud faire une part de plus en plus grande au naturisme et à l'expectation ; les purgatifs, et même les purgatifs violents comme le calomel, ont dans ce premier traité une place qui leur sera plus chichement mesurée dans le traité (non encore publié) de clinique individuelle. Mais cette évolution est prévue dans le premier ouvrage. « A mesure que la pathogénie des maladies s'éclaire dit l'auteur, la thérapeutique perd du terrain au profit de l'hygiène ».

3. — *Coup d'œil sur le déterminisme pathologique.*

Ouvrons maintenant le tome Ier de l'ouvrage qui a succédé à celui-ci : le *Traité clinique de la Digestion et du Régime alimentaire d'après les données de l'Exploration externe du tube digestif*, publié en 1900. Dès la préface, nous comprenons que, au cours des 6 années écoulées depuis l'apparition du traité précédent, une profonde évolution s'est accomplie dans l'esprit de l'auteur. Ce traité n'est plus invoqué que comme témoignage d'une laborieuse gestation.

Le revirement accompli consiste surtout en ceci que l'appareil digestif n'est plus envisagé comme « l'Archée suprême autour duquel gravite toute la médecine ».

Et cependant rien ne doit être renié des observations qui avaient été le point de départ de cette conception. Il est bien vrai que les organes digestifs jouent un rôle prépondérant dans la genèse des troubles fonctionnels et qu'aucune maladie ne se présente sans « un cortège de signes abdominaux d'une observation facile, d'une évidence absolue ». Mais cette répercussion est due à l'étroite corrélation « qui unit les unes aux autres toutes les fonctions de l'économie ». L'organisme est « un édifice dont toutes les parties sont agencées en vue d'une harmonie parfaite ; on ne saurait déranger la moindre d'entre elles sans que l'ensemble en soit troublé ». Sans doute, les manifestations objectives et subjectives des troubles fonctionnels paraissent localisées, mais celles-ci ne sont que « l'extériorisation d'une minime partie des processus morbides qui se passent dans l'intimité des tissus de l'organisme ». Elles ne sont pas « la route » mais seulement « le jalon qui marque la route ».

Les lois qui régissent l'apparente localisation

des phénomènes morbides seront établies dans les ouvrages suivants, mais on peut dès maintenant prévoir que celle-ci est commandée par des particularités fonctionnelles, structurales ou topographiques qui rendent les réactions de certains agrégats plus intenses, et aussi plus perceptibles aux sens que celles d'autres groupes cellulaires ; l'insuffisance fonctionnelle de l'intestin par exemple, a des conséquences moins frappantes que celle de l'estomac, qui se manifeste par la stagnation des liquides secrétés.

C'est ainsi que la vague solidarité fonctionnelle invoquée dans le volume précédent fait place ici à la *synergie fonctionnelle*. La *synergie digestive* qui, elle aussi, avait été entrevue dans le traité de 1894, n'est qu'un aspect particulier de la *simulatnéité des réactions vitales*.

« Dès que l'aliment touche un point de la surface du tube digestif, les trois parties de ce tube entrent... en activité. L'estomac reçoit l'aliment, le malaxe et le déverse peu à peu dans l'intestin grêle (1). Celui-ci entre en éréthisme, ses parois se tendent, ses vaisseaux deviennent turgescents, ses cellules glandulaires se chargent de sucs digestifs, toutes ses forces en un mot, se recueillent et se rassemblent pour accomplir bientôt la partie la plus délicate du travail de la digestion, la décom-

---

(1) Quelques modifications insignifiantes ont été apportées au texte original pour éviter des explications préliminaires. Nous prendrons des libertés analogues chaque fois que cela sera nécessaire.

position et l'absorption moléculaires. Quant au gros intestin, sa fonction se résume dans la tâche purement vectrice de la masse résiduale provenant de la digestion précédente. Tous ces actes s'accomplissent, nous le répétons, simultanément et s'éteignent en même temps. Il n'y a d'actes successifs que dans la *migration* du bol alimentaire qui franchit l'une après l'autre les trois subdivisions de son réceptacle. »

Aussi bien sommes nous ici en présence d'une aperception d'une valeur très générale. « Il n'y a réellement dans la nature que des faits qui se succèdent et se suivent dans le temps et dans l'espace » et, comme le disait déjà Descartes, « il n'y a pas de lieu d'aucune chose au monde qui soit fermé et arrêté sinon en tant que nous l'arrêtons dans notre pensée. »

Dès lors, comment le praticien pourra-t-il « faire dater une maladie d'estomac d'une époque déterminée », d'un âge du malade « sans s'exposer d'une façon certaine à une erreur de diagnostic? Le fait qui paraît cause est toujours précédé d'une si longue théorie de faits antécédents ayant chacun une influence déterminante, qu'il ne lui reste plus à lui même qu'une part insignifiante d'influence proprement causale. Et quand on connaît, quand on soupçonne seulement toute cette série de faits antécédents, l'idée ne vient pas de donner à ce fait la signification d'une cause véritable, tant son influence paraît se confondre avec celle des faits antérieurs ».

Ainsi : *non localisation dans le temps,* et *non localisation dans l'espace,* telles sont les deux aperceptions dont la considération doit présider à l'interrogatoire des malades et à leur examen objectif. Au contraire de ce qui était avancé dans le volume précédent « tous les systèmes organiques jouissent originellement de la même capacité morbigène ». Si malgré cela, le tube digestif joue, comme nous venons de le dire, un rôle prépondérant dans la genèse des troubles morbides, c'est à cause de la place qu'il occupe, non dans l'économie, mais dans le *déterminisme des fonctions vitales.* » C'est l'hérédité, ce sont les conditions de la vie sociale, ce sont en un mot des circonstances d'ordre extrinsèque, qui viennent conférer à l'un ou à l'autre de nos appareils cette supériorité dans les faits pathologiques. Il s'agit là d'une *subordination* toute éventuelle, inconnue de la physiologie générale et dont l'étude fait le sujet des ouvrages suivants.

De plus, lorsqu'on l'envisage, non plus en tant que cause mais en tant que *moyen,* l'appareil digestif a sur tous les autres une supériorité immense : sa forme cavitaire, la plasticité et la vibratilité des tissus qui le composent, le rendent apte à subir, sous la double influence des variations de l'ambiance et de l'usure inhérente à l'accomplissement de la trajectoire évolutive, des modifications dont la perception est pour ainsi dire *transparente à l'observation clinique.* Cette même plasticité le rend précieux au médecin comme agent transmetteur de mouvements rythmiques et de transformations moléculaires, autrement dit *comme intermédiaire entre le milieu extérieur et l'ensemble de l'organisme.*

Dans le volume précédent, nous avions déjà pu apprécier quelques-unes de ces précieuses prérogatives ; dans celui-ci nous verrons la cellule digestive vibrer sous les influences les plus subtiles et enregistrer avec une délicatesse de nuances presque incroyable les moindres oscillations de la vitalité.

4. — Les idées directrices du clinicien

Nous ne saurions, dans un livre d'un caractère aussi général que celui-ci aborder la technique de la méthode de diagnostic dite *Exploration externe du tube digestif.* Nous nous bornerons à résumer les idées qui sont à son origine et ses données fondamentales.

1° La modalité des réactions cellulaires, tant physiologiques que pathologiques, est commandée par le tempérament individuel. La notion de *spécificité individuelle* doit donc être, dans tous les troubles qui ne sont pas d'origine infectieuse, opposée à la conception des entités morbides.

2° Aucun point de l'économie ne saurait être isolément excité ou modifié dans sa vitalité ; l'organisme constitue un bloc dont tous les éléments entrent simultanément en vibration : à l'unisson les uns des autres aussi longtemps que l'équilibre fonctionnel est maintenu ; sur des rythmes différents lorsque par suite de l'insuffisance d'un ou plusieurs appareils organiques, ou encore d'une disparité entre la nature des excitations et la réceptivité cellulaire, cet équilibre est détruit.

3° Toute diminution de la vitalité se traduit par une diminution du tonus cellulaire ; toutes les manifestations pathologiques pouvant d'autre part être ramenées à une diminution de la vitalité, l'évaluation du degré de *tonicité* cellulaire est la seule base vraiment scientifique de la pathologie.

4° Cette évaluation ne saurait être déduite que de données dont la réalité soit « évidente et indiscutable. » Or, on se place en dehors de ces conditions lorsqu'on prend pour unique base d'appréciations relatives à l'organisme humain les modifications chimiques subies par un tissu ou un produit de sécrétion. Outre que celles-ci varient avec la proportion dans laquelle les éléments d'un tissu et les tissus constitutifs d'un organe s'associent les uns aux autres dans un organisme donné, on ne saurait se placer à ce point de vue sans isoler de l'enchaînement de causes ininterrompu et formidable dont la vie est l'expression, une portion infinitésimale de causes *arbitrairement choisies et empiriquement interprétées.*

5° Pour ne laisser s'interposer aucune conjecture entre son observation et le fait sur lequel elle s'exerce, le médecin n'a qu'un moyen, c'est de rechercher les *équivalents sensoriels* des oscillations évolutives ou accidentelles de la tonicité. Trois procédés sont à sa disposition pour atteindre ce but. L'*Inspection* qui fait appel à la *vue* lui permettra d'interpréter les formes du corps ; la *Palpation* qui correspond à la mise en œuvre du *toucher* lui enseignera la valeur séméïologique des degrés de densité et d'élasticité des tissus ; la *Percussion*, par l'intermédiaire de laquelle est enregistré le témoignage de l'*ouïe*, lui permettra d'apprécier à nouveau, mais beaucoup plus subtilement, les qualités déjà étudiées par la palpation, en lui révélant les nuances de *sonorité* par lesquelles se traduisent les fluctuations de la *vibratilité*, qui elle même est fonction de l'*élasticité*.

De l'ensemble des données ainsi recueillies pourront être déduites les lois générales de l'évolution individuelle de l'homme, et peut-être même, dans la suite des temps, le déterminisme de quelques-unes des élaborations accomplies par la cellule vivante.

Les incessantes transformations des édifices moléculaires conditionnent en effet la structure et les propriétés des organes. Et s'il est essentiellement irrationnel de ramener à l'action d'une ou plusieurs causes particulières une genèse aussi complexe que celle de la composition chimique, il y a beaucoup moins de témérité à espérer que, après avoir discerné les conditions déterminantes les plus générales des modifications portant sur l'ensemble de l'organisme, on pourra établir des relations de cause à effet entre ces conditions et la nature du chimisme cellulaire.

L'analyse des faits de la première catégorie, « les grands faits », doit précéder celle des faits de la deuxième catégorie, « les petits faits ».

5. — *La terminologie de Sigaud.*

Avant de prendre contact avec ces « grands faits », il est nécessaire de nous familiariser un peu avec la terminologie exigée par leur exposé. De l'ensemble des données fournies par l'exploration externe se sont en effet dégagées des notions nouvelles dont la mise en lumière exige les conventions verbales qui président à la genèse de toutes les sciences.

Ces conventions portent non sur la création de termes nouveaux, mais sur l'emploi plus systématique et la délimitation plus précise de vocables existants. Quant aux notions acquises, elles sont relatives :

1° Aux diverses phases de l'évolution individuelle.

2° Aux modifications de l'énergie vitale et aux états par lesquelles elles se manifestent.

3° A une classification des tempéraments.

1° — *Phases de l'évolution individuelle.*

« De même qu'en se développant l'appareil digestif acquiert la plénitude de ses forces, atteint sa maturité, puis décline vers la vieillesse et la mort, de même la maladie, c'est-à-dire la résistance au milieu ambiant, revêt des formes différentes suivant l'âge du sujet. Au début, c'est la *résistance qui s'organise*, les symptômes sont intermittents ou mal dessinés, c'est la *phase ascensionnelle*. Voici que la résistance est complète, les symptômes sont constants, le tableau est nettement tracé, c'est la *phase d'état*. Enfin, brutalement ou par degrés successifs, l'organisme cède et se laisse terrasser, c'est la *déchéance* ou *phase de décroissance* ».

Ces phases correspondent, non à des limites d'âge, mais à la *prédominance de signes objectifs*.

La valeur de la notion de *phases évolutives* réside principalement dans ses rapports avec l'*intervention thérapeutique*.

« C'est dans la *phase ascentionnelle* que l'hygiéniste a le plus de prise sur la maladie ; pendant la *phase d'état*, le rôle du médecin reste encore facile et consiste à utiliser les *résistances* de l'organisme en en modérant l'expansion » ; l'intervention thérapeutique devient plus délicate, mais reste encore très précieuse à la phase du *1er degré de déclin*. Cette manifestation initiale du déclin est le plus souvent de nature *oscillatoire* ; elle est représentée par « de petites oscillations qui font pressentir les grandes » et qui sont aptes à être diminuées par l'apport de conditions de milieu adéquates à la réceptivité cellulaire du moment. C'est alors que des « conseils d'hygiène prophylactique » peuvent retarder la chute d'un organisme « aux bords de l'abîme ». A la *phase de décroissance* enfin, « toute intervention exige une prudence extrême et le thérapeute ne doit pas faire un pas sans être sûr de ne pas *nuire* à son malade, car c'est le moment des redoutables complications. Il doit savoir s'arrêter de temps en temps dans la voie de l'amélioration pour préciser les conditions nouvelles d'activité auxquelles l'organisme est capable de s'adapter. A défaut de cette prudence la thérapeutique ne fait qu'accélérer la déchéance et précipiter la terminaison fatale. »

Parmi les interventions souvent téméraires, il faut mentionner celle qui est relative à la suppression ou à la diminution de l'obésité. « Que d'obèses cherchent, au prix de leur vie, nous dit Sigaud, à alléger le poids de leur abdomen et à diminuer les contours de leur taille par une intervention faite à un moment voisin de la phase de déclin.| Arrivé à un certain âge, il est sage de *savoir garder son ventre*. »

2° — *Etats correspondant aux oscillations de la vitalité*

Nous ne mentionnerons ici que les plus importants.

A) Etat chronique et Etat subaigu.

Ainsi que le dira Sigaud plus tard : « la vie est le mouvement provoqué et entretenu dans la matière organisée par les excitations issues du monde extérieur » (1).

Or si nous examinons l'ensemble des éventualités relatives aux rapports de l'organisme et du milieu ambiant, nous les verrons se ramener à 4 cas principaux :

1° L'organisme et le milieu sont parfaitement adaptés l'un à l'autre et la fonction s'accomplit *dans des conditions optima.*

2° Les conditions de milieu sont inadéquates à la receptivité actuelle de l'organisme et le fonctionnement de celui-ci se trouve entravé *par la seule défectuosité des facteurs extrinsèques.*

3° L'organisme est devenu, par suite de la diminution de son irritabilité native, incapable d'un fonctionnement optima, *et ceci quelles que puissent être les conditions de milieu.*

4° *L'organisme et le milieu sont tous deux déficients.*

(1) *Les Origines de la maladie,* p. 33. Cf. la définition de la vie donnée par Lamarck.

Le 1er cas correspond à l'état dit : *normal* (plénitude des forces organiques et plénitude des excitations extrinsèques) ou à *l'état d'usure pure et simple* (diminution de la vitalité et diminution correspondante des excitations) ; dans le 2e cas, l'organisme répond à la défectuosité du milieu par un état réactionnel particulier auquel Sigaud a donné le nom d'*état subaigu* ; le 3e postulat, l'insuffisance de l'organisme dans toutes les conditions de milieu possibles, correspond à *l'état chronique* ; enfin, dans le 4e cas, défectuosité du milieu venant intensifier la déficience de l'organisme, on se trouve en présence d'un *état subaigu greffé sur un état chronique.*

L'état *chronique* ne trouve évidemment sa terminaison que dans la mort. Évidemment aussi, il est polymorphe, tant dans ses manifestations subjectives que dans sa symptômatologie objective.

L'état subaigu prend, lui aussi, des formes subjectives infiniment variées, mais il a des équivalents objectifs, qui, dépourvus de signification séméïologique *absolue* lorsqu'on les envisage isolément, deviennent *la base du diagnostic* lorsqu'il sont observés simultanément et lorsque le déterminisme auquel ils paraissent se rapporter *est confirmé par l'anamnèse.* L'état subaigu cesse naturellement avec les causes qui l'ont fait naître et avec l'atonie engendrée par ces causes. On peut donc le définir : « Une perturbation que la symptômatologie objective et les anamnestiques rangent parmi les troubles essentiellement *passagers* ».

« Au vaste groupe des Etats subaigus, se rattachent, nous disent Sigaud et Vincent, tous les troubles morbides passagers dits maladies aiguës non spécifiques et tous les états fonctionnels prolongés, qualifiés par la médecine classique d'affections chroniques, et que nous avons considérés comme des états subaigus successifs et enchevêtrés. »

Dans *l'état subaigu greffé sur état chronique*, les parts prises par chacun des deux composants à la genèse de l'état morbide sont naturellement *en raison inverse l'une de l'autre.*

Au point de vue énergétique la caratéristique de l'état subaigu est en effet d'*inhiber* — c'est-à-dire de soustraire momentanément à l'exercice des fonctions — une partie des forces individuelles. Lorsque l'organisme est dans la plénitude de sa vitalité, l'état subaigu, agissant sur un coefficient maximum de forces en accapare la plus grande partie ; la proportion des forces *inhibées* est grande ; la proportion des forces *utilisables* pour les fonctions est petite, et l'état subaigu est *franc*, c'est-à-dire que ses manifestations objectives et subjectives sont *accusées*.

Mais lorsque la vitalité de l'organisme est amoindrie, l'exercice des fonctions exige pour s'accomplir la mise en jeu de la plus grande partie des forces disponibles ; la part de celle-ci doit donc, sous peine de compromettre l'existence, rester grande, quelle que puisse être la défectuosité du milieu. Si celle-ci dépasse certaines limites, l'état chronique sera intensifié, mais la possibilité d'un état subaigu *franc* — c'est-à-dire d'un état dans lequel la plus grande partie des forces organiques soit, pour ainsi dire, *confisquée* jusqu'au moment de retrouver son emploi normal, — est supprimée. En résumé l'intensité de l'état chronique s'oppose à l'intensité de l'état subaigu, et l'intensité de l'état subaigu exige la non intensité de l'état chronique.

Ces notions ont une importance pratique considérable. Dans la majorité des cas, elles permettent au médecin de s'orienter dans le dédale des troubles fonctionnels, et d'opposer aux idées si dangereuses de hiérarchie, de dépendance et de spécificité morbide la notion « *d'envahissement total de l'économie dans chaque épisode morbide.* »

« Que de fois, dit Sigaud en face d'une symptômatologie déconcertante ou trop touffue, nous avons pu nous raccrocher à cette idée de *l'état subaigu* comme à une dernière planche de salut, et grâce à elle gagner la terre ferme, c'est-à-dire saisir l'origine anatomique de la maladie, en découvrir toutes les oscillations, en classer les diverses phases, en fin de compte nous orienter à la fois pour la compréhension de la maladie, et pour la direction de l'hygiène thérapeutique. »

B) Spasme et contracture.

Nous avons dit tout à l'heure que tout trouble fonctionnel avait à sa source une diminution du tonus cellulaire qu'on appelle indifféremment *atonie*, *asthénie* ou *hypotonie*. Celle-ci existe toujours en fait, mais elle est très vite masquée par l'hypersthénie fonctionnelle qui s'y superpose et qui est la manifestation de *l'effort* accompli par des agrégats hypotoniques.

« *Asthénie fondamentale*, hypersthénie fonctionnelle (1) ; ces deux phénomènes sont étroitement corrélatifs ; ce sont comme les deux plateaux d'une même balance dont l'un ne peut s'abaisser sans que l'autre s'élève dans une mesure strictement égale. »

Les diverses manifestations de l'hypersthénie fonctionnelle peuvent elles-mêmes être ramenées à un état générateur fondamental le *spasme* qui correspond à des signes objectifs précis. Lorsque le spasme, phénomène d'ordre *dynamique* dont les degrés et les modalités sont en rapport avec les conditions de la fonction (par exemple avec la nature de l'alimentation et les phases de la digestion) se transforme, sous l'influence de la continuité ou de l'intensification du processus qui l'engendre, en une manifestation de même nature mais de caractère plus *statique* (c'est-à-dire d'une durée et d'une forme à peu près indépendante des conditions dans lesquelles s'accomplit la fonction), on se

(1) Le mot hypersthénie est pris ici dans un sens très général ; il signifie *intensification du rythme originel ;* un rythme *lent* peut par exemple, devenir *plus lent* encore sous l'influence de l'effort fonctionnel ; c'est pourquoi celui-ci s'objective, comme nous le verrons, tantôt dans la *dilatation*, tantôt dans la *rétraction*.

trouve en présence de la *contracture* qui, elle aussi, a une symptômatologie définie.

C) Inertie et état parétique.

Un moment vient ou l'état d'éréthisme hypersthénique a épuisé les forces de l'organisme, et en particulier celles de l'appareil digestif, sur lequel ont été recueillies ces observations. Celui-ci ne peut plus accomplir sous sa forme ordinaire le spasme en lequel s'objective son effort fonctionnel. Il répond alors aux excitations du milieu soit par des contractions spasmodiques intensives de caractère *agonique*, correspondant à *l'état parétique*, soit par une *inaptitude plus ou moins accentuée à réagir*, qui est *l'inertie* proprement dite. *L'état parétique* et *l'inertie* ont des manifestations objectives, enregistrables à l'exploration externe.

3° — *Classification des tempéraments.*

Nous ne dirons rien des premières acquisitions réalisées par Sigaud dans ce domaine (division des organismes en Forts et en Faibles) puisqu'elles ont été perfectionnées par la suite. Nous nous contenterons de signaler, lorsque nous exposerons la classification actuellement acquise, les données auxquelles elle correspond dans le livre dont nous parlons maintenant, afin de mettre en lumière l'évolution qui s'est accomplie dans l'esprit de l'auteur.

DEUXIÈME PARTIE

L'Exploration externe du tube digestif

CHAPITRE X

Inspection. — Palpation. — Percussion

L'Inspection, la *Palpation* et la *Percussion* de l'appareil gastro-intestinal sont les trois modes d'investigation dont la réunion constitue le procédé de diagnostic dit *Exploration externe du tube digestif.*

Nous ne pouvons, dans le cadre restreint de cet ouvrage, donner qu'une idée très superficielle de la puissance de déduction dont il témoigne et de son aptitude à révéler quelques-unes des plus complètes manifestations de la vie physiopathologique, mais nous avons cependant tenu à fournir un aperçu de ses données, malgré leur caractère un peu technique, parce que c'est d'elles que se sont dégagées la notion des *phases de l'évolution individuelle*, celle des *états subaigus*, et enfin toutes les considérations relatives à la *forme d'ensemble de l'organisme humain*.

Nous ferons tout d'abord remarquer que les procédés auxquels il fait appel n'ont de commun que le nom avec l'Inspection, la Palpation et la Percussion pratiquées par quelques auteurs sur un segment particulier du tube digestif — foie, estomac ou intestin — ou même sur l'appareil digestif tout entier, envisagé en dehors de son contenu *l'aliment*, et en dehors de la lumière projetée par le concept *d'évolution* sur les données sensorielles qu'il fournit.

C'est en effet à la considération de la *fonction* et à celle de *l'évolution* — qui n'est, comme le dit Sigaud, que la fonction envisagée dans le *temps* — que la méthode de l'exploration externe doit la totalité de sa portée, laquelle consiste : 1° dans l'établissement de rapports invariables entre les *données sensorielles recueillies* et *l'effort fonctionnel accompli*.

2° Dans la détermination de la part respective prise dans la genèse de l'effort fonctionnel par chacun des deux facteurs qui peuvent l'engendrer : la *défectuosité des milieux* d'une part, le *degré d'usure* de l'organisme d'autre part.

1. — *L'Inspection.* (1)

L'Inspection est l'interprétation scientifique des données apportées à la *vue* par le degré de tonicité des organes.

Le ventre ne garde la pureté de sa forme globuleuse qu'aussi longtemps que sa tonicité est suffisante. A mesure que celle-ci diminue, on le voit s'affaisser de plus en plus. Il s'étale dans la position debout, et, dans la position couchée, s'étale aussi, puis s'excave, d'abord régulièrement, ensuite avec des dépressions et des saillies locales plus ou moins accusées.

L'insuffisance stigmatisée par l'affaissement progressif de la région abdominale est liée soit à des états chroniques, soit à des états subaigus ; dans ce dernier cas, les déformations sont beaucoup plus intenses.

« La clinique abdominale nous enseigne, dit Sigaud, que plus le ventre est excavé, autrement dit plus l'affaissement gastro-intestinal est franc, plus grandes sont les chances de relèvement, précisément parce que l'hyperexcitabilité restante est notable et offre une prise encore large à des contacts alimentaires bien ordonnés ».

(1) Les paragraphes relatifs à l'Inspection, à la Palpation et à la Percussion s'adressent plus particulièrement aux médecins. Les autres lecteurs pourront en éviter la lecture et reprendre à la page 157.

Nous reviendrons dans les pages suivantes sur la signification de cette donnée.

Les principales formes abdominales mises en lumière par l'Inspection sont : le ventre en *tonneau*, le ventre *plat*, le ventre de *batracien*, le ventre en *S couché*, le ventre *en îlôt*, le ventre *en cuvette*, dont chacun stigmatise des périodes de plus en plus avancées de la maladie.

Le ventre *en tonneau* se maintient invariable dans la position couchée. A mesure que, dans cette position, il s'affaisse davantage, on le voit prendre dans la station debout la forme d'une besace de plus en plus accusée. C'est le ventre *en besace* que la position couchée transforme en une masse plus où moins plate ou excavée (ventre *plat*, de *batracien*, en *S couché* ou *en îlôt*). Lorsque dans la position couchée on atteint le stade du *ventre en cuvette*, le ventre prend dans la position debout une forme caractéristique que nous appellerons par abréviation le ventre *en tablier*. La paroi abdominale forme une sorte de tablier qui flotte au-dessus du pubis, et supérieurement recouvre une région d'aspect irrégulier à la façon d'une serviette jetée sur une cavité vide. (1)

___

(1) Tous ces ventres sont décrits et représentés dans le *Précis d'Exploration externe du tube digestif* de Chaillou et Mac Auliffe ; on trouvera en outre dans ce dernier ouvrage tous les détails relatifs à la technique opératoire de ce procédé de diagnostic et aux données sensorielles qu'il fournit.

2. — *La Palpation*

A) Considérations générales.

La Palpation est l'interprétation scientifique des données apportées au *toucher* par le degré de tonicité des organes.

Les qualités en rapport avec ces données sont la *rénitence* et *l'élasticité*.

L'élasticité est la qualité correspondant à la sensation apportée au toucher par *l'irritabilité vitale* ; elle se mesure par le degré de force avec lequel des tissus que la main cesse de comprimer rebondissent pour reprendre leur forme primitive.

La *rénitence* est la qualité correspondant à la sensation apportée au toucher par la *densité protoplasmique*. Elle se mesure par le degré de résistance qui s'oppose aux efforts d'écrasement.

Des sensations et manifestations différentes correspondent naturellement aux différentes proportions dans lesquelles la rénitence et l'élasticité s'associent l'une à l'autre dans un cas particulier. La juste proportion de la rénitence et de l'élasticité se manifeste par la *souplesse*, la diminution de la rénitence par la *mollesse*, la diminution ou l'inhibition de l'élatiscité par *l'empâtement* (qui stigmatise les états subaigus) et la *distention*.

« La rénitence et l'élasticité qui semblent de prime abord des êtres de raison, sont étonnamment dissociées par la maladie. » L'affaissement des segment, et l'accollement consécutif de leurs parois diminue et la résistance opposée par la masse cellulaire à la main qui le comprime, et l'aptitude de cette masse à se ressaisir.

« La diminution franche de l'élasticité… dénonce la parésie subaiguë, alors que le défaut de rénitence est le signe particulier de la parésie chronique. » L'absence de rénitence et d'élasticité entraîne naturellement la disparition de la souplesse.

La Palpation doit être successivement *superficielle* et *profonde*. La Palpation superficielle renseigne sur la tonicité générale de l'abdomen. La *Palpation profonde* fournit des indications relatives à l'état particulier de chacun des segments digestifs, états d'ailleurs étroitement correspondants, c'est à dire conditionnés par une même cause.

B) **Palpation superficielle.**

Comme l'Inspection, la Palpation superficielle met le clinicien en présence de quelques ventres typiques : le ventre *mou* peut se présenter à la main exploratrice pendant 10, 15 et même 20 ans. Il est, pour ainsi dire, le « substratum anatomique » de manifestations évolutives épisodiques et constitutionnelles très diverses, et dont la nature réelle ne peut être dévoilée que par la palpation profonde et la percussion ; le ventre *pâteux* qui apporte à la main de l'explorateur la sensation de « chiffons mouillés » est caratéristique des états subaigus, mais on l'observe aussi dans certains états chroniques et dans la convalescence des maladies graves. Il a des modalités variées sur lesquelles nous ne pouvons insister ici.

Le ventre *œdémateux*, sur lequel la pression du doigt imprime une trace persistante analogue au godet de l'œdème, est la signature de la cachexie chronique. Comme *l'état parétique*, il stigmatise « l'état réactionnel *agonique* de la paroi digestive ». C'est dire que ces deux manifestations, *état parétique* et *ventre œdémateux*, sont souvent concommittantes.

C) Palpation profonde.

a) Considérations générales. — Les caractéristiques fournies par la Palpation profonde et par la Percussion sont des *dominantes* et non pas des *constantes* ; elles correspondent à des mouvements ondulatoires et ont toute la fugacité des contractions et dilatations successives dont ceux-ci sont la résultante. Sous la main même du médecin, le *clapotage* peut faire place au *flot gastrique* qui lui-même peut disparaître devant le *clapotement* ou devant le *clapotage* ; un même segment intestinal se rétrécit, se durcit, puis s'élargit et s'amollit avec un crépitement dû au passage de bulles gazeuses ; des sons alternativement sourds, résonnants, tympaniques succèdent les uns aux autres dans une même région anatomique au cours d'une phase digestive.

Mais si au lieu d'envisager une phase digestive, nous considérons une phase évolutive, nous verrons la prédominance et la constance de chacun des signes pathognomoniques varier avec le degré de l'atonie. A mesure que l'estomac s'affaiblira le *clapotage* deviendra de moins en moins fréquent et sera remplacé par le *flot* gastrique qui, à un degré plus avancé d'atonie fera place au *clapotement*. En même temps, les segments du colon deviendront plus étroits et les sons recueillis à la percussion stigmatiseront un effort fonctionnel plus accusé. Ainsi des stigmates fugitifs lorsqu'on les considère dans l'espace, deviennent, lorsqu'ils sont envisagés dans le temps, les caractéristiques d'un *rythme cellulaire* lié à un état *anatomo physiologique* déterminé et à des manifestations fonctionnelles correspondantes.

b) Palpation de l'estomac. — Les contours de l'estomac ne sont révélés à la main explorante que par les déplacements que la secousse du tronc imprime aux liquides stagnant dans la cavité gastrique.

Tant que l'estomac est capable « de retrouver un moment de tonus normal entre deux ingestions alimentaires », c'est-à-dire tant que la manifestation pathologique ne se prolonge pas au-delà du temps occupé par l'accomplissement de la fonction, l'estomac est *distendu*, le liquide résidual peu abondant, et les secousses imprimées au tronc ne se manifestent que par un bruit de *clapotage*. A des stades plus avancés d'asthénie correspondent les sensations de *flot*, puis de *ballotement gastrique*, qui se mêlent l'une à l'autre ou au bruit de *clapotage* dans des proportions variant avec l'état du malade.

A l'étape du flot et du ballottement, on peut, en frappant la paroi gastrique d'une certaine manière, obtenir un bruit spécial, le *claquement gastrique*.

c) Palpation de l'intestin. — La Palpation profonde permet de ramener les modes de réaction du tube intestinal à deux formes extrêmes, par lesquelles s'expriment soit la nature du *tempérament individuel*, soit les conditions créées par les *phases d'un processus accidentel*.

La première correspond à l'état d'*hyperexcitabilité* et équivaut à la *rétraction progressive* ; ses stades principaux sont l'état de sténose spasmodique *simple (colon sténosé* et *ampoule cœcale)*, de sténose plus accentuée *(colon en tuyau de pipe* et *boudin cœcal)* et le stade du *cordon cœcal*, caractérisé par l'uniformité de calibre du colon tout entier, y compris le cœcum.

La seconde forme d'évolution du tube intestinal correspond à l'état de *torpeur physiologique* et s'objective dans la *distension progressive* ; les formes au lieu de se préciser s'effacent ; il se produit un relâchement général de toutes les tuniques musculaires qui tend à créer peu à peu une cavité uniforme.

Les deux types extrêmes révélés par la palpation profonde permettent de poser la loi séméïologique suivante : « *formes différenciées équivalent à fonction active ; formes mal différenciées signifient fonction en voie d'extinction* ». (1)

La palpation intestinale permet encore de poser le diagnostic de quelques états réactionnels particuliers tel que l'*inertie*, la *colite muco membraneuse*, les *états subaigus*.

Inertie. — L'inertie qui dans la région de l'estomac se révèle par le *ballottement gastrique* se manifeste dans la région intestinale par deux signes bien nets :

« 1° *Les segments de l'appareil digestif deviennent flottants*.

2° *Les différents segments qui constituent le colon perdent leur relief et leur consistance dure* ». (Chaillou et Mac Auliffe).

Colite muco-membraneuse. — Elle a pour équivalent morphologique le colon *contracturé*, qui diffère du colon en tuyau de pipe par un diamètre plus ample, des reliefs moins accusés, une forme invariable, l'absence de gargouillements et de crépitations.

Etats subaigus. — Ils se manifestent par un

____

(1) Chacune de ces modalités réactionnelles est l'expression d'un tempérament qui sera étudié plus loin.

colon pâteux, de consistance molle et de contours indécis.

Dans ce dernier cas, les allures souvent tapageuses de la simptômatologie subjective rendent particulièrement précieux un signe pathognomonique qui, après les avoir ramenées à leur juste valeur séméïologique, empêche la thérapeutique de s'égarer hors des frontières tracées par la diète et l'expectation.

D) Palpation du foie.

Elle est moins fructueuse que celle des autres organes, d'abord parce que le foie est recouvert presque entièrement par la paroi osseuse du thorax, en second lieu parce que sa consistance solide le rend inapte à enregister sous une forme perceptible aux sens les oscillations légères de la vitalité, qui sont les plus instructives pour le clinicien.

Chez l'enfant, le gros foie dévoile souvent « le côté morbide en quelque sorte dégénératif d'un édifice extérieurement brillant. Quelles que soient les apparences, la santé d'un enfant chez lequel on a constaté de l'hypermégalie abdominale n'est pas normale ».

Chez l'adulte, la glande hépatique reste volumineuse tant que le déclin est peu avancé ; lorsqu'elle diminue de volume, on se trouve en présence du déclin confirmé.

« Et, dans ce cas, la palpation nous révèle une double forme objective », la première est représentée par un *petit foie ratatiné*, dur, mobile, dont l'atrophie « efface tout espoir d'une restitution ad-integrum », la seconde, par un *foie aplati* dont le bord antérieur s'est comme étiré pour former deux languettes plus ou moins flottantes ». La première de ces formes typiques stigmatise une hypertrophie progressive et modérée du tube digestif, la seconde est liée à une évolution brusque et souvent accidentée. On peut leur rattacher toutes les déformations hépatiques par lesquelles se manifestent la variété et la complexité de l'organisation individuelle.

Le foie est plus instructif par ses *degrés de mobilité* que par sa morphologie, mais la donnée séméïologique ainsi fournie n'est pas seulement relative à la glande hépatique. Elle s'étend à l'ensemble des viscères abdominaux, et si le foie et le rein sont plus instructifs à ce point de vue, c'est seulement à cause de leur qualité de *viscères pleins*, qualité qui rend leurs déplacements plus apparents et plus accusés.

La palpation du foie et celle du rein ramènent à leur signification véritable des faits qui, à cause de leur caractère particulièrement frappant, ont été souvent investis d'une importance exagérée et interprétés à contre sens. Elle nous montre que le *déplacement viscéral*, lorsqu'il n'est point dû à un choc mécanique, est fonction d'une diminution de la tonicité et peut, en thèse général être considéré comme *d'un pronostic d'autant moins grave qu'il est plus facilement provoqué.*

En effet, l'aptitude d'un rein ou d'un foie à être influencés dans leur mobilité par des mouvements respiratoires est une preuve de la vitalité relative de ces organes. Lorsqu'au contraire des viscères ne se déplacent pas isolément, mais uniquement avec la masse dont ils font partie, c'est qu'ils sont dans un état d'inertie qui se manifeste par la non indépendance du thorax et de l'abdomen.

Nous nous trouvons là en présence d'un des apparents paradoxes par lesquels s'exprime la logique biologique : nous voyons en effet la *vitalité relative* d'un organe s'objectiver dans la *fréquence de ses oscillations pathologiques.* Ce n'est là que la manifestation particulière d'une loi générale sur laquelle nous reviendrons tout à l'heure.

3. — *La Percussion*

A) **Considérations générales.**

La *Percussion* est l'interprétation scientifique des données apportées au *toucher* par le degré de tonicité des organes.

La morphologie abdominale qui, jusqu'ici, a

été étudiée *directement*, se révèle à nous *indirectement* par l'intermédiaire de ce dernier mode d'exploration. Ici, en effet, c'est la *fonction qui est
perçue* et la *forme qui est déduite* ; or, la fonction
étant en dernière analyse l'objet poursuivi par le
clinicien, il est facile de comprendre que la percussion soit la plus féconde des composantes de
l'exploration externe. Son principe est la prise en
considération du lien qui unit la *sonorité des membranes à leur vibratilité, leur vibratilité à leur élasticité.*

Sonorité, vibratilité et élasticité sont les trois
aspects d'une même qualité, qui est le *tonus cellulaire.*

Déjà, il est vrai, ce dernier s'était révélé à nous
par l'inspection et la palpation, mais les réper-
cussions des oscillations de la tonicité sur la
forme extérieure et la consistance des tissus
peuvent naturellement paraître grossières à côté
de l'influence exercée par ces mêmes oscillations
sur la vibratilité des membranes. Et de même que
la vibratilité traduit avec une infinie délicatesse
les fluctuations de l'élasticité, la sonorité reflète
jusqu'en leurs nuances les plus subtiles les degrés
de la vibratilité, en vertu des deux lois suivantes
de l'acoustique.

1° *L'intensité du son (dû à l'amplitude des vibrations) est en raison inverse de l'épaisseur des membranes.*

2° *La hauteur du son (dû au nombre des vibra-*

tions dans l'unité de temps) est en raison directe de l'épaisseur et en raison inverse de la surface des membranes vibrantes.

L'usure évolutive ou accidentelle ne modifie les *formes* et la *consistance* des tissus que lorsqu'elle atteint un certain degré d'intensité, mais elle ne reste jamais sans action sur la *sonorité* abdominale. « Quelque soit le siège de l'insuffisance réactionnelle, la vibratilité des tuniques digestives est toujours modifiée dans une mesure suffisante pour stigmatiser le nouvel état organique ».

Ce procédé de diagnostic réduit à néant les arguments qui ont été invoqués contre les applications de la morphologie à la médecine, savoir *l'inversion éventuelle des rapports qui unissent le développement des formes à celui de l'activité fonctionnelle.* « La prolifération cellulaire, a-t-on dit, peut n'affecter que ceux des tissus d'un organe qui ne prennent pas part à l'exercice de l'activité spécifique (tissu conjonctif, adipeux etc.) ; en second lieu des agrégats normaux au point de vue histologique peuvent être déficients au point de vue fonctionnel.

Viola, élève de Giovanni, a déjà répondu en partie à ces objections : « l'expérience enseigne, dit-il, que, dans la plus grande partie des cas, les altérations fonctionnelles sont représentées par l'hyperactivité d'un appareil, et par conséquent liées à des variations *quantitatives* et non qualitatives ; telles sont par exemple l'hypochilie gastrique, l'hyperactivité biliaire, etc.

Les énormes variations individuelles du volume du foie ne sont pas doublées de variations histologiques ; des foies de grosseurs différentes sont semblables les uns aux autres sous le rapport de la structure. De plus, même si les objections faites à la morphologie sont partiellement fondées, il est facile d'y répondre.

Un bruit cardiaque peut être organique ou inorganique, lié à des lésions statiques de la canalisation cardiaque ou à des troubles purement fonctionnels, reconnaître comme cause de la péricardite, de l'anémie, des conditions cardiopulmonaires, etc. De même un foie pathologiquement agrandi peut être en état de stase cirrotique, néoplasique, leucocémique, etc., etc. Renoncerons-nous pour cela à palper un foie et à ausculter un cœur ? »

Giovanni et ses élèves, qui n'interrogent les formes que directement, ne pouvaient répondre plus victorieusement aux objections, mais il paraît inutile d'insister sur le fait que le procédé de la percussion enlève presque toute leur valeur aux arguments cités plus haut. S'il ne renseigne pas sur la nature exacte des troubles fonctionnels, il permet de saisir directement le *degré d'intensité* et la *localisation* de l'insuffisance organique. Et c'est là le point important, puisque, dans l'immense majorité des cas, on ne peut agir sur un agrégat qu'en lui fournissant la dose d'excitations adéquate à ses besoins.

B) Coup d'œil sur la genèse des sons abdominaux.

Les données de la percussion ont un caractère trop technique pour que nous puissions les résumer ici. Contentons-nous de dire que le praticien doit étudier chez son malade le son *fondamental* correspondant à l'état de repos de l'appareil et le *son fonctionnel* correspondant à son état de fonction, et que ses éléments d'appréciation lui sont fournis par les trois caractéristiques du son : la *hauteur*, l'*intensité*, le *timbre*. De plus, la sonorité varie avec le segment percuté. « Le segment qui est aux prises avec la *masse* des aliments par exemple, n'aura pas la sonorité du segment qui préside à un travail d'*absorption* bien que l'éréthisme fonctionnel évolue parallèlement dans l'un et l'autre ». De là la collaboration à la genèse du son d'un troisième facteur représenté par la *topographie abdominale*.

Sigaud a donné le nom de *damiers* à l'ensemble des zônes de sonorité créées par la topographie abdominale.

L'état normal s'objective dans le *damier normal* ; un premier degré de déséquilibre trouve son expression dans le *damier normal deuxième type*, une perturbation plus accentuée dans le *damier inverse*. Mais comme nous l'avons déjà dit, chacun de ces damiers est *prédominant* et non pas *constant* au cours d'une phase digestive. De là l'obligation pour le clinicien d'obtenir par « une percussion prolongée toute une série de notations pour la même région ».

Enfin il nous faut encore ajouter que, même durant le temps correspondant à la formation d'un damier, les zônes sonores, bien que créées par la topographie abdominale, ne se superposent pas toujours exactement aux zônes topographiques ; elles sont en effet plus nombreuses que celles-ci lorsque, sous une influence quelconque, *un agrégat vibre de manière à fournir par lui-même plusieurs zônes de sonorité*, qui apparaissent alors comme des subdivisions de la zône principale. Les manifestations de cet ordre sont la *bitonalité gastrique*, la *bitonalité cœcale* et la *mosaïque sonore*.

Pour apprécier la valeur des sons fournis à la percussion, le praticien doit les envisager dans leurs rapports avec les caractéristiques du *tempérament individuel* révélées à l'inspection et à la palpation.

C'est ainsi par exemple qu' « un gros ventre qui sonne peu » est supérieur en vitalité à un « gros ventre qui sonne », bien que d'une façon générale la sonorité soit une manifestation d'élasticité. Il est en effet normal que là ou la masse est un facteur prédominant, l'élasticité soit inhibée par la densité. Ces rapports ne sont dé-

truits que lorsque l'ampleur des formes abdominales est superficielle, c'est-à-dire dû moins à la
dimension et au nombre des.éléments cellulaires
(hypertrophie et hyperplasie) qu'à leur *dilatation*.
L'hypertrophie et l'hyperplasie stigmatisent il est
vrai la dégénérescence, mais dans ses modalités
primitives ; ce sont des processus compensateurs
correspondant à la libération de forces poten-
tielles. Au contraire la dilatation traduit un effort ultime de l'organisme.

Le médecin familiarisé avec la percussion trouve
en elle un admirable instrument de diagnostic.

« La résistance d'un organisme sain ou malade
se reflète admirablement, nous dit Sigaud, dans la
formule de sa sonorité abdominale. » Bien mieux,
les rapports fournis par la percussion sont si
précis que, au récit d'un malade, « le médecin
est tenté de traduire par un son chacune des sensations éprouvées par le patient. Lorsque celui-
ci accuse du *serrement* de l'estomac, le médecin
croit percevoir un son *tympanique élevé* ; le *grand
vide* qui succède à cette sensation évoque pour le
clinicien la *résonnance* qui y correspond. Survient, en l'absence d'alimentation, une *crampe d'estomac* ; c'est du tympanisme amphorique. Si le
malade s'alimente, la crampe disparaît ; s'il ne
s'alimente point, la crampe cède plus tardive-
ment et laisse un *vide plus grand encore* suivi d'un
anéantissement total des forces ; le médecin perçoit alors en pensée de la *résonnance caverneuse*.

Enfin le *ressaisissement instantané et fugitif* qui suit la moindre ingestion alimentaire correspond à l'apparition d'un *son élevé faible.* »

Disons encore, pour compléter ce paragraphe, que l'exploration externe peut être étendue à l'appareil pulmonaire (1).

Quant à l'appareil cardiaque il est sujet à des variations de forme « qui seraient enregistrables si le processus réactionnel était moins rapide ». Mais celle-ci n'épousent jamais les oscillations fugitives des rythmes vitaux, et ne deviennent perceptibles par accumulation, c'est-à-dire n'engendrent de variations morphologiques d'ordre statique, que chez certains individus.

En présence de cet état de choses, une seule ressource reste au praticien soucieux de connaître toutes les formes objectives des réactions organiques : discerner les *rapports d'équivalence existant entre les rythmes cardiaques et les variations morphologiques du tube digestif.* Il établit ainsi dans les régions cardiaque et gastro-intestinale des *états correspondants* analogues à ceux constatés dans les divers segments digestifs (2).

Les distensions musculaires qui s'objectivent par des variations de la morphologie abdominale et du rythme cardiaque se manifestent souvent dans la région des membres inférieurs par de la dilatation variqueuse des gros troncs veineux ; enfin les

(1) Voir Sigaud. *Traité clinique de la Digestion.* T. II, p. 132-133.
(2) Voir Sigaud. *Traité clinique de la Digestion.* T. II, p. 168-169.

oscillations pathologiques de l'appareil rénal ne peuvent être constatées que par les relations d'équivalence entre l'état des urines et les réactions digestives et cardiaques (1).

4. — *Les Enseignements généraux de l'exploration externe*

A) L'Exploration externe et les tempéraments.

Nous verrons dans les pages suivantes que *l'inspection* de l'organisme a révélé plusieurs catégories de types humains, fournis les uns par les *prédominances morphologiques*, les autres par la modalité de *l'irritabilité cellulaire*. Dans ce chapitre nous nous contenterons de signaler celles des observations de Sigaud qui sont relatives au rythme fonctionnel, au gros ventre des nourrissons,

a) *Le rythme fonctionnel.* — *La fréquence des variations de sonorité* (damier inverse et mosaïque sonore) implique un organisme à *réactions rapides* orienté vers l'exaltation fonctionnelle ou *hypertonie* ; au contraire, *l'uniformisation fréquente de la sonorité* correspond à l'affaissement d'éléments forts et massifs qui répondent aux chocs de toute nature par l'*hypotonie* et l'inertie ; enfin des sons correspondant au parallélisme de

(1) Voir Sigaud. *Traité clinique de la Digestion.* T. II, p. 169.

la *tension cœcale* et de la *distension gastrique* impliquent la *dissociation fonctionnelle* par suite de choc violent ou de réactivité vive.

L'état organique du type *ralenti* est bien défini par le « *laxum* de Stahl » ; celui du type *accéléré* trouve une « heureuse définition dans le strictum du même auteur », enfin le type *dissocié* (c'est-à-dire ayant une tendance à la dissociation fonctionnelle) est un individu dont le *champ d'adaptation est étroit*, c'est-à-dire chez lequel la cohésion cellulaire ne se maintient qu'autant que les milieux cosmiques sont exactement adaptés à la réceptivité du moment.

« Ces trois types doivent être gravés dans la mémoire du praticien comme trois formes essentielles primordiales autour desquelles gravitent les formes innombrables que la clinique fait surgir à chacun de nos pas » (1).

b) Le gros ventre des nourrissons. — L'hypermégalie abdominale du fort se manifeste souvent dès la première enfance par ce qu'on appelle généralement le gros ventre des nourrissons.

Cette dilatation est, nous dit Sigaud « un gros signe sur lequel le médecin doit attirer l'attention des mères de famille. Tout ventre qui grossit est un ventre qui tient en réserve des épisodes orageux, notamment la diarrhée sous ses formes nombreuses plus ou moins inflammatoires. Les

(1) Le type ralenti et le type accéléré ont chacun une morphologie définie qui sera enregistrée par la suite.

diarrhées graves ou tenaces, qui emportent les enfants ou les mettent en danger de mort *sont dans la grande majorité des cas, précédés d'une hypermégalie abdominale qui a passé inaperçue et dont on ne tient aucun compte dans la thérapeutique.* Pratiquement, il faut bien savoir que le ventre gros des nourrissons ou des jeunes enfants n'a pas des dimensions qui « sautent aux yeux » comme chez l'adulte ; généralement, *il demande à être cherché* et exige de l'observateur plus que de l'attention, une éducation spéciale, au même titre que l'auscultation de la poitrine, par exemple.

« Le gros ventre de l'enfant laisse chez l'adulte une signature indélébile représentée par les *ailerons du thorax*, dûs à l'élargissement de la base de la cage thoracique.

B) **L'Exploration externe et la physiologie générale.**

a) L'irritabilité vitale est en raison inverse de la densité protoplasmique. — La dilatation progressive qu'on observe souvent au début du déclin du fort, et l'*hypermégalie abdominale contemporaine de la grossesse*, dont nous allons parler dans un instant, sont la manifestation du processus compensateur qui lie l'accroissement de la densité protoplasmique à la diminution de l'irritabilité vitale et vice-versa.

Il y a, nous dit Sigaud, dans la suppléance ainsi

réalisée, une « sorte de compensation à la fuite de la vie » qui « n'est pas sans prolonger la lutte parfois fort longtemps ».

b) Les oscillations morphologiques accusées sont des manifestations morbides. — Le processus compensateur dont nous venons de parler nous met lui-même en présence d'une des lois fondamentales de la morphologie et de la physiologie générales, celle qui fait de l'*hypertrophie*, de l'*hyperplasie* et de la *dilatation cellulaire* des manifestations, de *dégénérescence* de même ordre mais d'intensité moindre que l'adiposité, et de la *fixité relative des formes au cours de l'évolution* un des aspects particuliers de l'harmonieuse répartition des virtualités cellulaires, qui elle-même assure *l'accomplissement régulier de la trajectoire évolutive* (1). Quant à l'amaigrissement, il a naturellement, lui aussi, une signification pathologique.

En résumé, « toutes les oscillations autour d'un état que l'observation autorise à considérer comme fondamental et spécial à un individu donné doivent être regardées comme le résultat d'un défaut d'adaptation de l'organisme et par conséquent comme des états morbides ».

c). L'élasticité cellulaire est en raison directe de la franchise et de la fréquence des oscillations physiopathologiques. — On peut considérer comme

____
(1) Toutes ces notions seront développées plus loin.

un aspect particulier des rapports de l'irritabilité à la densité protoplasmique la décroissance qui, au cours de l'évolution, se manifeste dans la franchise et la fréquence des états pathologiques.

Théoriquement les réactions, tant physiologiques que pathologiques, ne peuvent être vives qu'aussi longtemps que l'irritabilité est dominante. Lorsqu'on avance en âge l'organisme réagit surtout par des modifications *morphologiques*, et lorsqu'enfin l'irritabilité vitale est « mise en liberté » par l'affinement des tissus, l'organisme ne dispose plus de forces autres que celles nécessaires à l'entretien des fonctions, et est devenu incapable de manifestations subaiguës, et même d'oscillations morphologiques importantes.

La réalité répond à ce postulat. La vieillesse est généralement exempte de troubles n'ayant pas un caractère accentué de chronicité, et le plus souvent, il en est de même de l'âge mûr.

Combien de femmes voient disparaître en avançant en âge les migraines qui les tourmentaient dans la jeunesse ! Chez combien de dyspeptiques, de rhumatisants, de fébricitants la marche naturelle de l'évolution ne supprime-t-elle pas les caractéristiques pathologiques du tempérament !

Ne voyons-nous pas la constipation chronique elle-même, cet attribut de la vieillesse, être supprimée per l'inaptitude du colon à se contracter (1) ?

(1) Voir Sigaud. *Traité clinique de la Digestion*, T. 1er, p. 104-105.

L'amélioration de la santé dans l'âge mûr et la vieillesse, amélioration souvent définitive et dénuée de conséquences fâcheuses, n'est qu'une insensibilisation croissante de l'organisme aux influences extérieures et une inaptitude progressive à répondre aux défectuosités de l'ambiance par ces *états subaigus*, dont la franchise doit être inscrite à l'actif du tempérament. Sans doute, et nous y reviendrons par la suite, l'élasticité cellulaire peut aussi se manifester par l'absence de chocs pathogènes, même pendant la jeunesse, mais ce sont là des conditions rares.

Quant aux oscillations morphologiques *épisodiques* telles que les alternatives d'amaigrissement et d'embonpoint relatif, l'excavation abdominale accentuée stigmatisant un état subaigu franc, ce sont, elles aussi, des témoignages d'élasticité cellulaire.

En résumé la perfection de cette élasticité se manifeste par une instabilité relative, entraînant la rupture assez fréquente de l'équilibre fonctionnel et la netteté des réactions spasmodiques. Et ces réactions intensives ne se manifestent pas seulement dans le domaine subjectif par le malaise, la douleur, la fièvre ou la fatigue. Elles ont des équivalents objectifs que la chronicité estompe aussitôt qu'elle prend part à la genèse du processus morbide. Dans les états subaigus francs, on constate à la palpation superficielle la disparition de l'élasticité, à la palpation profonde la difficulté de palper le colon et la sensation de chiffons mouillés, à la percussion une sonorité tendant à l'uniformité, ou encore une opposition maxima entre les sons fournis pendant l'accomplissement de la digestion et ceux qui correspondent au repos fonctionnel. Tous ces symptômes sont d'autant moins accusés que l'état subaigu est moins franc.

d) *La grossesse exerce une influence accélératrice sur les réactions morphologiques par lesquelles s'exprime le tempérament individuel.* — La grossesse s'est révélée à l'exploration externe comme un état particulièrement apte à faire connaître le tempérament individuel, mais les enseignements ainsi recueillis ayant par la suite trouvé une sanction dans des données de morphologie superficielle, nous ne nous attacherons qu'à ces dernières, qui seront enregistrées par la suite. Ici nous n'envisagerons les apports de l'exploration externe à ce chapitre de médecine clinique que dans leurs rapports à la physiologie humaine.

« Il est courant, nous dit Sigaud, d'entendre une femme malade nous dire : » Je n'ai jamais été aussi forte que pendant ma grossesse. « Comme contre-partie, en revanche, on entend, à chaque instant, ces phrases stéréotypées. « Depuis ma ou mes grossesses, je ne vaux plus rien, j'ai perdu mes forces, je ne me tiens plus debout. » Pourquoi, dans un cas, « cet excès d'honneur » et dans l'autre « cette indignité ? ».

De tels faits s'expliquent par l'influence accélératrice qu'exerce la grossesse sur les réactions morphologiques opposées par l'organisme aux chocs pathogènes.

En effet, c'est seulement lorsque la grossesse survient dans une période où les forces individuelles sont *équilibrées* qu'elle est accueillie par l'organisme comme une forme d'excitation *physiologique*. Dans ce cas, le volume de l'abdomen est strictement proportionnel à celui du fœtus, et la grossesse est sans influence sur la forme de l'évolution individuelle. Mais dans tous les autres cas la grossesse constitue pour les éléments cellulaires un stimulant insolite.

« Si la grossesse survient chez une femme faible à un moment où les forces musculaires abdominales sont en voie d'inertie fonctionnelle et surprend un ventre empâté, c'est d'abord une aggravation brusque de l'état morbide existant, puis quand le globe utérin, quittant le petit bassin, apparaît dans la grande cavité abdominale, les réactions morbides se calment, les forces reviennent du jour au lendemain, et bientôt, cette femme souffreteuse qui redoutait la grossesse, se trouve transformée en un être fort, vigoureux, d'un appétit insatiable, et d'un entrain que rien n'arrête.

L'expulsion du fœtus est rapide et simple. Mais voici qu'au bout de quelques semaines la malade, essayant de quitter son lit, se retrouve sans forces, l'appétit décline, et finalement, c'est l'état maladif d'avant la grossesse qui se réinstalle avec un degré d'aggravation.

A quoi répond cette poussée générale de force musculaire qui s'est faite pendant les quatre ou cinq derniers mois de la grossesse ? — Tout simplement au *relèvement des anses digestives par le globe utérin.*

Le point initial de l'affaissement abdominal et de l'inertie de toutes les forces musculaires abdominales, chez cette femme faible, réside dans la faiblesse des ligaments suspenseurs de ses viscères abdominaux... « Le globe utérin relevant les anses digestives, c'est un allègement pour ces ligaments, qui se ressaisissent, ainsi que tous les plans musculaires préposés à la fonction digestive. Par synergie fonctionnelle, toutes les fibres musculaires de l'économie retrouvent leur souplesse et leur pleine élasticité. De là ces quelques mois de force et de bien-être qui correspondent à la grossesse chez tant de faibles habituellement maladives. »

Supposons maintenant que la grossesse survienne chez une femme forte, au début d'un processus de distension abdominale, « dès la conception, cette distension s'accentuera, et parfois au bout du premier mois, le volume du ventre sera accru au point de trahir une grossesse de quatre mois ; puis, cette première poussée terminée, l'allure se ralentit et marche de pair avec la progression du volume utérin, sans lui être jamais adéquate. »

Aux derniers mois de la grossesse, l'abdomen se présente sous la forme d'un « bloc énorme répondant à toute l'aire abdominale et gardant sensiblement la même forme, dans la position horizontale et dans la station debout.

Après l'accouchement « il faut six mois, un an et plus pour que le volume de l'abdomen diminue sensiblement, pour que, suivant le mot usité, « la femme reprenne sa taille ».

Lorsque la grossesse « survient à la fin du processus de distension abdominale ou même à la période où le volume de l'abdomen est oscillant », nous nous retrouvons devant des manifestations analogues, mais plus accentuées encore. « Les fautes thérapeutiques, dans ce cas, prennent des proportions exagérées, et l'accouchée ne tarde pas à se transformer en une véritable malade.

C'est cette forme de distension abdominale par gravidité qui laisse après elle tout un cortège de troubles fonctionnels affectant successivement les divers segments de l'appareil digestif, y compris les voies biliaires, et c'est cet effort d'une cavité abdominale et d'un canal alimentaire pour retrouver leur calibre qui est à l'origine de tous ces maux, et que la clinique méconnaît trop souvent. »

5. — *De l'Exploration externe aux lois de l'évolution individuelle*

L'exploration externe ne nous indique qu'une chose : comment l'appareil digestif réagit, dans des conditions de milieu données, aux diverses étapes de son évolution.

Nous savons, il est vrai, que, en vertu de la synergie fonctionnelle, toute modification subie par un agrégat est subie par tous les autres. Mais quelles sont les *formes* de ces modifications ? Comment expliquer que trois individus répondent à l'action d'une même cause morbigène, le premier par de la cyrrhose hépatique, le second par des troubles cérébraux ou digestifs, le troisième par un beau mépris qui trouve son expression dans l'absence de toute perturbation fonctionnelle ? Pourquoi un symptôme tel que l'albuminurie se manifeste-t-il tantôt dès l'enfance, tantôt à 50 ou 60 ans, et est-il dans un cas immédiatement suivi de mort, tandis que dans d'autres cas il ne se manifeste qu'épisodiquement ?

La diversité de ces manifestations est, dira-t-on, fonction de la validité originelle des appareils organiques et de leur degré d'usure évolutive. Mais encore ? Peut-on espérer trouver dans la morphologie individuelle des indications relatives au premier de ces facteurs, le second étant révélé par l'anamnèse ?

Les caractéristiques constitutionnelles sont elles en rapport avec des aptitudes morbides et physiologiques définies et avec des formes données de trajectoire évolutive ? En un mot la modalité du mouvement vital s'inscrit-elle de façon perceptible aux sens dans la structure anatomique et est-il possible de l'atténuer ou de l'accentuer de manière à assurer la réalisation des virtualités cellulaires les plus favorables ? Nous trouverons une réponse à ces questions dans les ouvrages suivants qui, en établissant les *lois de l'évolution individuelle de l'homme* et la signification de la *forme humaine*, permettent de tirer des données sensorielles fournies par l'appareil digestif des conclusions relatives à l'organisme entier, et confèrent ainsi à l'admirable méthode dont nous venons de parler la totalité de sa valeur séméïologique.

TROISIÈME PARTIE

LES LOIS DE L'ÉVOLUTION INDIVIDUELLE DE L'HOMME

CHAPITRE XI

LA MORPHOLOGIE HUMAINE ET LA DISSYMÉTRIE COSMIQUE

1. — *Coup d'œil sur les manifestations cliniques de la dissymétrie organique*

La maladie est définie dans l'ouvrage que nous venons d'étudier, « un défaut d'adaptation entre la matière organisée et les milieux cosmiques », mais ce défaut d'adaptation n'est envisagé dans le tome Ier du *Traité clinique de la Digestion* que relativement à l'appareil digestif et à son milieu, le milieu alimentaire.

Or, s'il est vrai que, dans un très grand nombre de cas, le clinicien qui a su ordonner à son malade l'alimentation adéquate à ses besoins du moment, voit se modifier favorablement la symptômatologie subjective et objective, ce serait ce-

pendant s'exposer à de nombreuses déconvenues
que de mettre toute sa confiance dans la plasticité du tube digestif et l'heureuse répercussion de ses mouvements sur le reste de l'économie, et de demander toujours à la modalité de
l'alimentation la récupération des forces organiques.

Voici, par exemple, un malade qui, à l'exploration externe, semble avoir recouvré l'équilibre sous l'influence du régime alimentaire.
Mais au bout de quelques jours, ce malade semble
arrêté dans la voie de la guérison ; le moindre
écart alimentaire ramène les troubles primitifs ; la marche le fatigue. D'autres patients sont
plus réfractaires encore à l'influence alimentaire.
Celle-ci paraît être absolument nulle sur eux.
Et c'est ainsi que surgit dans l'esprit du clinicien la notion d'*asymétrie organique*.

En présence des différences d'aptitudes apportées par la constitution individuelle, il comprend
« qu'il n'a plus le droit de soumettre ses ressources hygiéniques à d'égales pesées et de demander
aux différents appareils qui composent l'être
humain une même activité, un même travail,
qu'il s'agisse de l'état d'équilibre ou de l'état morbide ».

C'est naturellement dans le passé de l'individu
que le médecin doit tout d'abord chercher les
secrets de son organisation. Le malade que nous
venons de voir si sensible à la fatigue, par

exemple, se révèle à l'anamnèse, ou, pour employer la terminologie de l'auteur, à « *l'enquête évolutive* », comme peu enclin à l'exercice physique, et l'on comprend fort bien cette particularité lorsqu'on examine sa musculature : celle-ci a la rondeur que donne une répartition uniforme de la couche adipeuse, mais non point les reliefs qui accusent le développement des fibres musculaires. Dès lors une conclusion s'impose. La maladie a, chez l'individu en question, affaibli un système musculaire originellement déficient ; quelques jours de repos lui permettront de récupérer ses forces, et l'organisme tout entier pourra alors bénéficier du relèvement apporté à un appareil digestif qui, dans le cas considéré, semble aussi élastique et exigeant que le système musculaire est faible et torpide. Une autre fois, c'est un campagnard, à la poitrine développée, qu'aura attirée la « ville tentaculaire » ; en vain le médecin essaiera-t-il de remettre à flot par l'alimentation ce rural qui maintenant passe sa vie dans une usine. Il faut qu'il retourne à l'air libre et reprenne la vie des champs.

Tout cela, d'ailleurs, n'est point inattendu pour le lecteur. Outre qu'il a déjà pu acquérir sur ce point la science expérimentale accessible à tout homme réfléchi et qui est très souvent d'aussi haute portée que sa sœur moins familière, il aura peut-être, comme nous l'y avons invité, recueilli dans un coin de sa mémoire quelques-unes des observations consignées dans le premier ouvrage de Sigaud. Dès le début de sa carrière, en effet, celui-ci avait remarqué que l'action du régime alimentaire était nulle sur de nombreux malades, lesquels paraissaient surtout sensibles à l'influence de l'air, de l'exercice ou du mouvement. Or, d'autres cas encore peuvent se présenter. Il est clair, par exemple, qu'une dépression organique due à un choc moral ne cessera que lorsque celui qui la subit aura recouvré la tranquillité d'esprit.

C'est ainsi que, lorsqu'on les surprend à leur source, les perturbations fonctionnelles qui ne sont pas constitutionnelles — et celles-ci même se réclament, nous le verrons tout à l'heure, d'un déterminisme analogue plongeant ses racines dans un lointain passé — peuvent être ramenées aux défectuosités de quatre milieux principaux : milieu *alimentaire*, milieu *atmosphérique*, milieu *physique* ou *cinétique* (c'est-à-dire suscitant les réactions de l'appareil musculaire) et milieu *social*.

Si les choses ne se présentent pas toujours dans ces conditions de simplicité, c'est à cause de la difficulté où se trouve le médecin de saisir dans sa totalité le déterminisme pathologique. Mais l'expérience journalière lui démontre que l'exercice optima de la réactivité organique exige le contact d'un milieu strictement adéquat aux aptitudes du moment.

Le malade qui a subi un choc moral, par exemple, ne se guérit pas toujours lorsque son chagrin est dissipé.

Si la dépression a été assez intense pour atteindre l'appareil digestif, et si, à ce moment, on n'a pas modifié l'hygiène alimentaire, cette disparité pourra devenir la source d'erreurs diététiques capables de se substituer progressivement aux conditions morales en tant qu'agents pathogènes. On voit quelquefois, il est vrai, des cérébraux guéris par l'isolement ; « mais l'isolement entraîne le repos, la régularité de l'alimentation, etc. De sorte que la guérison résulte d'un *ensemble* de modifications visant à la fois le cerveau, les muscles, l'estomac, etc. »

Cependant il est bien certain que si un agrégat occupe dans l'économie une place prépondérante la satisfaction ou la non satisfaction accordée à ses besoins auront une influence prépondérante aussi sur la marche de l'évolution individuelle. C'est de la quantité et de la qualité des excitations qui lui seront fournies que dépendra surtout l'équilibre fonctionnel.

Or, nous venons de le dire, il est fréquent que le médecin n'ait pas de grands efforts à faire pour découvrir l'agrégat qui, dans un organisme donné, possède un maximum de vitalité et de volume. Celui-ci s'impose à son attention par ses exigences. Le malade reste-t-il réfractaire à tout traitement en l'absence d'un air pur et renouvelé ? — C'est un *respiratoire*, c'est-à-dire un individu chez lequel l'appareil pulmonaire possède un maximum de réactivité impliquant un appel impérieux au milieu spécifique ; le besoin de mouvement stigmatise un *musculaire*, la nécessité d'une alimentation copieuse ou variée révèle la prédominance *digestive* et enfin un individu s'affirme comme appartenant au type *cérébral* lorsqu'il puise dans le milieu social la plus grande part des excitations nécessaires à sa vie.

2. — La dissymétrie dans l'espace et les
prédominances morphologiques

A) **Types morphologiques fournis par les prédominances organiques.**

Mais déjà le lecteur aura entrevu un autre moyen de constater les prédominances organiques. Si la forme est vraiment un aspect de la fonction, la vitalité prépondérante d'un agrégat doit s'inscrire dans l'ensemble de la morphologie individuelle. Et, en effet, l'observateur qui sait percevoir « l'un dans le multiple », voit l'immense variété des organismes humains se ramener à quatre types principaux. Mais avant d'en entreprendre la description, il nous faut appeler l'attention du lecteur sur leur caractère schématique.

« Quelle que soit la complexité d'un individu

et la résistance qu'il oppose à l'analyse, nous dit Mme Bessonnet Favre, il est toujours possible de la ramener à un type pur ou à une combinaison de types purs. Tout l'effort du typologue tend donc à poser les types purs et à analyser les types complexes. »

C'est à un semblable effort que répondent les types dont nous allons parler maintenant. Ce sont des schémas qui ont fourni à l'auteur un *point de repère provisoire dans la classification des formes*. Dans l'ouvrage suivant, *La Forme humaine*, nous les verrons perdre leur rigidité pour épouser les mille fluctuations de la vie, et s'effacer dans l'immense majorité des cas sous des dehors plus complexes créés par l'*irritabilité cellulaire*.

La prise en considération de ce dernier facteur, dont le rôle et l'importance ne se sont révélés à l'auteur que progressivement, donne aux types suivants, envisagés dans le tome II du *Traité de la Digestion* et dans la *Morphologie médicale* de Chaillou et Mac-Auliffe comme correspondant à une valeur biologique maxima, une signification un peu différente qui sera enregistrée dans les pages suivantes.

Nous nous trouverons alors en présence d'un revirement de même ordre que celui dont le *Traité clinique de la Digestion* est l'expression par rapport à l'ouvrage précédent. Les faits observés sont exacts ; leur interprétation a été modifiée.

Ceci posé, nous décrirons sommairement les types considérés.

a) *Type respiratoire* (1). — Ses caractéristiques sont : En ce qui concerne le *corps*, le développement en largeur et surtout en longueur du *thorax*, qui « constitue à lui seul la plus grande partie du tronc et réduit à de très petites dimensions la région abdominale. »

En ce qui concerne la *tête*, les dimensious prépondérantes de celles des zônes de la face que Sigaud appelle la zône *naso-malaire* et Chaillou et Mac-Auliffe l' « étage *moyen* ou *respiratoire* » ; c'est-à-dire la partie de la face comprenant le nez et les maxillaires supérieurs et pouvant être considérée comme le vestibule de l'appareil respiratoire. La prédominance de cette zône implique une projection en dehors des os malaires, qui donne à l'ensemble de la face un aspect *losangique* caractéristique. Le nez est remarquable tantôt par sa longueur, tantôt par sa largeur, tantôt par ces deux dimensions.

b) *Type digestif*. — Les stigmates sont : dans la région du *corps*, le grand développement de la région *abdominale* qui, avec l'âge, donne au tronc l'aspect d'un tronc de cône à base inférieure.

Dans la région *céphalique*, les dimensions prépondérantes du dernier étage de la face, dit aussi

(1) Les éléments de ces descriptions sont empruntés à la *Morphologie médicale* de Chaillou et Mac-Auliffe.

zône massétérine, ou *étage digestif* parce qu'il renferme la bouche, vestibule de l'appareil digestif. Cet étage emprunte surtout son aspect aux dimensions considérables du maxillaire inférieur. Cet os est si agrandi qu'il paraît presque déformé.

« La bouche bordée de grosses lèvres est grande et lippue ; les dents sont longues et régulières, et se conservent pendant de longues années. Le menton, bien marqué, saillant, est de grande hauteur, de grande largeur, à sillon mentonnier très accentué. »

c) *Type musculaire*. — Ce type répond, lorsqu'il est parfait, à l'idéal classique de la beauté corporelle qui a fourni le canon de la statuaire grecque.

Ce qui frappe tout d'abord en lui c'est en premier lieu « le relief accusé, les fines attaches et le développement en longueur et souvent en largeur des membres par rapport à la taille qui est le plus souvent moyenne » ; en second lieu « la forme régulière et les égales proportions des différentes régions du tronc, dont les dimensions verticales sont presque toujours réduites par rapport aux dimensions correspondantes des membres. »

La tête petite « prolonge une nuque élargie » ; le crâne dans son ensemble tend à la dolichocéphalie, avec saillie prononcée des basses occipitales ; la face s'inscrit, tantôt dans un *rectangle*, tantôt dans un *carré* ; ses trois étages sont d'égales dimensions ; l'insertion frontale des cheveux est horizontale.

d) Type cérébral. — Ses caractéristiques sont toutes fournies par la région céphalique ; *la taille est petite*, l'aspect général fluet et grêle ; *le tronc et les membres* (surtout les membres supérieurs et les extrémités des pieds et des mains) *petits par rapport à la taille déjà réduite* ; seuls le crâne et l'étage supérieur de la face présentent un développement considérable. Cet étage, dit *zône fronto-pariétale* ou *étage cérébral* parce que « occupé tout entier par le frontal, il répond aux lobes antérieurs du cerveau, présente des dimensions maxima dans tous ses diamètres. » La face offre l'aspect d'une pyramide renversée à sommet inférieur fourni par le menton effilé. Ses contours s'inscrivent dans un triangle à sommet inférieur ; l'implantation des cheveux est « en pointe. »

Nous ne dirons rien ici des caractéristiques fonctionnelles et des prédispositions morbides de nos types morphologiques, puisque des attributs de types plus complexes ont été établis par la suite (1) ; nous voudrions seulement appeler l'attention sur les caractères qui constituent le substratum de la cérébralité *au point de vue clinique.*

Il faut en effet distinguer ici le philosophe du clinicien. Le premier voit les caractéristiques de

---

(1) Voir pages 219-226.

la cérébralité dans *l'aptitude à percevoir des rapports*, et constate un antagonisme entre la prédominance des fonctions *synthétiques*, en rapport avec les facultés critiques, et celle des fonctions *sensitives* et *sensorielles*, en rapport avec les facultés d'observation pure, d'imagination et d'affectivité.

« L'intelligence sensorielle, nous dit par exemple M. Binet, c'est-à-dire celle qui s'applique à *l'évaluation des données fournies par les sens*, forme une intelligence à part, voisine de l'animal, et dont le développement n'est pas parallèle à celui de l'intelligence verbale (1). » Le clinicien constate lui aussi l'autonomie et, en ce qui concerne l'organisation individuelle, l'antagonisme de deux modalités de l'intelligence, puisque ce sont là des faits, mais toute forme d'activité mentale est considérée par lui comme une manifestation de *cérébralité*, qu'elle soit mise au service de la synthèse, de l'observation pure ou de l'imagination.

(1) Ce point de vue est le principe de la plupart des classifications de mentalités. M. Binet oppose le *praticien* (prédominances sensorielles) au *littéraire* (prédominances verbales); MM. Ribot et Fouillée rangent les sensoriels et les affectifs dans la classe des *sensitifs* tandis que l'assimilation des sensations est considérée par eux comme la caractéristique du type *actif* ou *moteur* ; Hæckel oppose les *esthètes* (sensoriels) aux *phronètes* (intellectuels) ; M. Paulhan divise les mentalités en *analystes* et *synthétiques*; M. Houssay en *statiques, cinématiques et dynamiques*, etc., etc. Les auteurs qui ont étudié l'endophasie ou « langage intérieur », c'est-à-dire la forme individuelle de l'idéation, ont constaté la prédominance de l'observation et de l'imagination chez les visuels, la prédominance des facultés synthétiques chez les auditifs, etc.

La prédominance fonctionnelle *cérébrale* ne sera donc opposée par Sigaud et ses élèves qu'à la prédominance *organique* (types digestif, respitoire et musculaire). Par conséquent, l'existence du type cérébral décrit ici n'est pas en contradiction avec les tendances actuelles des anthropologistes à rattacher l'intellectualité à la nature physico-chimique et à la structure histologique de la substance cérébrale plutôt qu'à sa quantité (1).

3. — *Genèse des prédominances organiques.*

Nous avons déjà vu que Lamarck avait ramené aux effets de l'usage et du non usage la loi de compensation organique, en laquelle les penseurs contemporains avaient surtout vu s'exprimer la prévoyance d'une nature guidée dans ses équilibrations budgétaires par des préoccupations de bonne ménagère. C'est là une des nombreuses interprétations qui confèrent un caractère si moderne à l'œuvre du grand philosophe autrefois ridiculisé pour son anthropocentrisme.

(1) « Ceux qui prétendent trouver des relations entre le développement des fonctions psychiques et des « caractères morphologiques » tels que « le volume du cerveau, son poids, la forme des circonvolutions retardent d'un demi-siècle », nous dit avec raison M. Ingenieros ; toutefois la plupart des psychologues et des anthropologistes s'accordent à voir dans le développement cérébral du penseur une « vérité de moyenne » (Binet), c'est-à-dire applicable à la majorité des cas observés.

Notre époque a vu, en effet, l'immense chaîne de causes qui va de l'astre en ignition à la pensée investigatrice enfermer non seulement l'être humain, mais le globe qu'il habite dans un cercle infranchissable. Elle sait que la planète minuscule qui pendant un instant brille au firmament sidéral et la créature consciente qui durant une fraction infinitésimale de cet instant s'agite à sa surface, sont faits de la même substance, ont des durées également négligeables par rapport à l'infini des temps, des destins comparables, et des trajectoires évolutives dont la forme est commandée par un même déterminisme, puisqu'elle est, pour l'homme comme pour la terre, fonction des virtualités inscrites dans un noyau primitif. Elle est donc en droit d'affirmer que les lois générales qui régissent la composition chimique, la forme et la structure de l'organisme doivent avoir des équivalents dans les lois relatives à la composition chimique, à la forme et la structure de la terre.

Nous savons comment ce postulat reçoit pleine confirmation en ce qui concerne la composition chimique. Il nous reste à trouver dans la *dissymétrie humaine,* l'équivalent et la résultante de la *dissymétrie cosmique.* Or, cette seconde loi n'est qu'un aspect particulier des rapports qui unissent l'organe à la fonction. Il est bien évident que celle-ci créant ou tout au moins développant l'organe, le volume et la vitalité de ce dernier sont en raison directe des excitations qu'il subit. Toute prédominance d'une catégorie donnée d'excitations aura donc pour conséquence, comme l'avait établi Lamarck, l'accroissement d'un appareil au détriment des autres, accroissement qui, fixé par l'hérédité, engendrera la production de *types individuels* caractérisés par une prédominance morphologique et fonctionnelle.

« Supposons, dit Sigaud, un enfant de vie errante, sans fixité d'habitat, ballotté du Nord au Midi, de la montagne à la plaine, des sommets où l'air se raréfie aux vallées profondes où l'air reste lourd. Les variations prédominantes dans l'ambiance cosmique seront évidemment celles de l'air atmosphérique. Que va-t-il en résulter pour la formation de notre type individuel ? Une prolifération plus intense des éléments respiratoires et la formation d'un appareil broncho-pulmonaire qui, peu à peu, avec la croissance, va s'affirmer prépondérant sur tous les autres appareils au double point de vue de la forme et de la fonction. Et cette prépondérance respiratoire acquise va se transmettre héréditairement, et s'accuser davantage avec les générations qui vont suivre, pourvu que les conditions de l'ambiance restent sensiblement les mêmes, c'est-à-dire caractérisées surtout par la variété et la richesse des excitations atmosphériques. »

Ces conditions sont celles qui répondent à la genèse du type *respiratoire*.

A ce type opposons celui d'un enfant se développant « dans un milieu isolé, sur une terre stérile, loin de toute agglomération humaine et des ressources qu'offre la société ; l'effort musculaire est, dans ce cas, le stimulant nécessaire et primordial de toute l'économie, effort pour remuer la terre, effort pour amasser les récoltes, effort pour prendre contact avec le milieu social, etc., etc. Sans compter que des vêtements rudimentaires, insuffisamment protecteurs, vont permettre à la surface cutanée de subir toutes les excitations du climat alternativement chaudes et froides, rudes et douces, sèches et humides.

Sous l'aiguillon prédominant de ces excitations de même nature, la prolifération de croissance affecte surtout le groupe des éléments musculaires ; le développement des leviers osseux et des muscles qui les actionnent prend le pas sur celui des autres régions de l'économie, et quand la formation est achevée nous nous trouvons en face d'un type individuel défini, le type musculaire. »

Chez un enfant « grandissant dans une de ces régions fertiles dont tous les produits végétaux et animaux sont doués de qualités nutritives et exceptionnelles, ce seront les éléments anatomiques destinés à la formation de l'appareil digestif qui prendront un essor de prolifération prépondérant. La région abdominale prendra alors une ampleur et une rondeur remarquables, et la formation terminée nous aurons un nouveau type individuel, le type *Digestif*. »

Enfin, voici un enfant qui évolue « dans des conditions d'ambiance tout à fait différentes des précédentes : atmosphère de la grande ville, aliments de nature uniforme et de quantité réduite, sédentarité, claustration dans un appartement ; en revanche, précocité et variété des études, fréquentation de milieux sociaux très divers, émulation des examens ou des concours dès les jeunes années. La suractivité des éléments nerveux aboutit, dans ce cas, à la constitution d'un appareil cérébral dont la forme et le fonctionnement feront contraste par leur puissance avec la précarité des trois autres appareils. Ce sera le type *Cérébral.* »

4. — *Rôle cosmique de la dissymétrie dans l'espace.*

A la lumière de ces données, chacun des quatre grands appareils organiques périphériques apparaît comme l'expression de l'ultime différenciation du milieu cosmique, ou, si l'on veut, comme *le prolongement de milieux spécifiques* qui sont : le milieu *alimentaire* pour l'appareil *digestif*, le milieu *atmosphérique* pour l'appareil *respiratoire*, le milieu physique ou *cinétique* pour l'appareil *musculaire*, le milieu *social* pour l'appareil *cérébral*.

Les mouvements moléculaires fournis par le milieu sont transmis à l'appareil organique par « une sorte de vestibule situé au seuil même de l'organisme, et dans lequel les excitations sont perçues et jugées pour ainsi dire avant d'être définitivement assimilées.

Pour le tube digestif, c'est l'appareil gustatif.

Pour le système cérébro-spinal, ce sont les appareils visuel auditif et génital.

Pour le système musculo-articulaire, c'est le revêtement cutané.

Pour le système broncho-pulmonaire, c'est l'appareil olfactif. »

Ces trois appareils, qui sont en *continuité matérielle* avec les milieux cosmiques, sont groupés autour d'une masse centrale, l'appareil *cardio-rénal*, qui est sans contact immédiat avec l'ambiance, et ne reçoit les excitations extérieures que par l'intermédiaire des agrégats périphériques. Ainsi s'établit entre l'organisme et le milieu cosmique un circulus moléculaire dont la régularité trouve son expression dans la vie normale.

Tel est le point de vue par lequel l'œuvre de Sigaud vient sanctionner — et l'auteur en conçoit une légitime fierté — l'hypothèse faite par Pasteur que « les espèces vivantes sont primordialement dans leur structure, dans leurs formes extérieures, fonction de la dissymétrie cosmique. » Sigaud eût dépassé le cadre d'un ouvrage de médecine clinique en remontant encore plus haut dans la recherche des causes secondes, mais nous pouvons, dans cette étude dépourvue de tout caractère spécial, nous montrer moins circonspects, et planer un instant dans des régions plus lointaines encore que celles qui correspondent aux origines de l'homme. Nous verrons alors la loi de dissymétrie cosmique elle-même se rapporter à une loi plus générale, la loi de *constance quantitative*.

C'est parce que la quantité de matière et d'énergie circulant dans l'univers est invariable que les mondes et les êtres ne peuvent trouver en dehors d'eux-mêmes la somme de force et de substance nécessaire à l'accomplissement de leur trajectoire évolutive, et, à son tour, cette dernière obligation commande la formation au sein des nébuleuses, des organismes et de leurs éléments constitutifs de *centres d'attraction*, grâce auxquels se maintient le déséquilibre qui conditionne leur évolution.

« La vie, c'est la mort », a dit Claude Bernard. Et M. Le Dantec a facilement démontré l'illogisme de cette définition.

Mais on peut dire : « L'évolution, celle des mondes comme celle des êtres vivants, c'est l'aspiration de la substance énergétique vers un équilibre dont chaque instant écoulé la rapproche puisqu'il trouve sa réalisation dans la mort ». Mais si la condition de la vie est la *déséquilibre*, la condition du déséquilibre est la *dissymétrie*.

Cette vérité a été perçue par de nombreux penseurs qui l'ont surtout appliquée au domaine psychique. D'autre part, tous les biologistes philosophes ont constaté que l'exercice de la vie était, à toutes les échelles, commandé par des processus compensateurs, mais Sigaud est, à notre connaissance, le premier qui ait pénétré aussi profondément dans l'explication des faits établis.

Si tous nos appareils étaient d'égale réceptivité, dit-il en substance, il deviendrait à peu près impossible de rencontrer le point de l'espace qui satisfît à leur fonctionnement optima. Au contraire la vie cellulaire est favorisée par la présence d'un appareil prédominant, sorte de *centre attractif* agissant par la masse et la vitalité prépondérante de ses éléments, qui, après avoir attiré à lui son milieu spécifique, entraîne les autres appareils dans son mouvement en vertu de la loi de synergie fonctionnelle.

La dissymétrie organique se manifeste dans les appareils d'un organisme, dans les segments et les tissus d'un appareil et dans les éléments d'une cellule.

La dissymétrie relative aux appareils d'un organisme conditionne, comme nous venons de le dire, les attractions qui s'exercent entre l'être humain et le milieu ambiant, et par conséquent sa vie sur la planète. La dissymétrie relative aux segments d'un appareil a une signification analogue par rapport à cet appareil. Celle qui porte sur les éléments d'une cellule commande les attractions qui permettent à ceux-ci de se rapprocher les uns des autres après qu'un choc morbide les a dissociés, (nous reviendrons sur ce point) pour rendre à la cellule sa forme momentanément altérée.

5. — *La dissymétrie dans le temps et les prédominances fonctionnelles*

Sigaud a donné le nom de *grande asymétrie* à l'asymétrie des appareils organiques périphériques, et de *petite asymétrie* à l'asymétrie des segments, des tissus et des *rythmes*.

En effet, la modalité de la fonction n'est pas seulement relative à la manière dont cette fonction s'exerce dans l'espace, c'est-à-dire à l'élément *puissance* ; elle se rapporte aussi à la manière dont elle s'excerce dans le *temps*, c'est-à-dire l'élément *vitesse*. Nous verrons donc se manifester dans ce domaine aussi la loi de compensation. « Tout élément histologique est dominé héréditairement par l'un de ces deux facteurs » et cette orientation correspond, non à l'exclusivité d'un rythme fonctionnel, mais à « *la constance relative des oscillations dans un sens toujours le le même* ».

La dissymétrie organique se présente ainsi à

nous sous deux aspects opposés, la réaction *rapide* et la réaction *lente* : ce sont pour le Musculaire la vivacité des mouvements ou l'aspect massif de la charpente, pour le Cérébral la rapidité des perceptions, ou la lenteur de l'élaboration intellectuelle. Chez le Digestif et le Respiratoire, on distingue ceux qui réclament de la variété dans les excitations atmosphériques et digestives de ceux auxquels suffit l'abondance et la force du milieu spécifique.

Parmi les prédominances organiques, il en est une qui, bien qu'ayant un substratum histologique, ne saurait être morphologiquement constatée, et ne se révèle à nous que sous la forme subjective : c'est celle du système *sensitif*.

La sensibilité nerveuse a pour siège un élément anatomique « partout sensiblement le même, bien que les manifestations de son activité nous apparaissent sous des formes extrêmement variées » ; comme il a déjà été dit, cet élément constitue une sorte de trame qui unit les organes principaux au monde extérieur, et nous le trouvons au seuil des fonctions digestive, respiratoire musculaire et génitale sous forme d'*organes des sens* (appareils gustatif, olfactif, cutané, auditif, visuel et génital).

La prédominance d'un appareil s'étend naturellement à sa *trame sensitive* et ceci explique les formes individuelles de la *cénesthésie*, qui est la conscience prise par l'individu de l'état de bien-être provoqué par l'activité organique.

« La sensation envisagée dans son essence même est *consciente* ou *subconsciente* ; au delà, elle est d'abord *douloureuse*, puis cesse d'être perçue et devient *inconsciente* ». Or, la sensation organique consciente, manifestation des réactions apportées à l'encéphale par un fonctionnement organique optima, a généralement à sa source l'appareil prédominant. Un Respiratoire dont la sensibilité organique est développée éprouve un maximum de jouissance dans des excursions de plein air, un Musculaire dans la dépense d'activité physique, un Digestif dans les plaisirs de la table, un Cérébral dans l'activité mentale.

La dissymétrie organique, déjà si souvent invoquée apparaît donc « comme la raison dernière des faits de cénesthésie ». Quant à la prédominance de la sensibilité générale (tant morale que physique) on peut, à cause des relations étroites existant entre le réseau sensitif et la fibre musculaire qui est son support principal, la considérer comme le résultat d'une déviation de la prédominance *musculaire*, créée par le développement de l'appareil secondaire aux dépens de l'appareil principal. Par conséquent, la prédominance sensitive peut, comme la prédominance musculaire elle-même, se combiner à toutes les prédominances organiques.

La suprématie de la sensibilité nerveuse a toujours pour contre-partie une moindre intensité de la cérébralité proprement dite, qui consiste essentiellement dans l'*assimilation* des ondes sonores et lumineuses. Plus complexes sont les rapports de la cérébralité à la sensibilité sexuelle, parce que celle-ci se rattache à la fois au développement des appareils cérébral, musculaire et olfactif.

CHAPITRE XII

La loi de synergie fonctionnelle

1. — *Synergie fonctionnelle*

L'allure d'une fonction est immédiatement communiquée à toutes les autres ; lorsque l'une d'entre elles tend, par exemple, à s'accélérer, les mouvements deviennent brusques, le caractère impatient, le sommeil plus léger et plus court, plus rapides aussi le pouls et la respiration. « Quant à la *forme* du mouvement moléculaire, elle est invariable, c'est-à-dire que rien ne saurait par exemple, transformer une cellule hépatique en cellule nerveuse quand bien même ces deux cellules auraient une composition moléculaire identique au point de vue chimico-physique. » Telle est la loi à laquelle Sigaud a donné le nom de *loi de synergie fonctionnelle*.

Mais une loi n'est jamais que l'expression généralisée d'un *fait* ou d'un *rapport*.

Les deux lois en présence desquelles nous nous sommes trouvés jusqu'ici, la loi des *prédomi-*

nances organiques et loi des *milieux*, étaient l'expression, la première des *équivalences existant entre la dissymétrie organique et la dissymétrie cosmique*, la seconde de la *continuité matérielle existant entre l'organisme et les milieux cosmiques*, et de l'homogénéité qui permet aux diverses parties de la substance *d'agir les unes sur les autres*.

La loi de *synergie fonctionnelle* est l'expression de la *continuité naturelle existant entre les divers agrégats organiques*, c'est-à-dire des *relations de contact* qu'ont entre eux, en chaque point de l'organisme, les divers *types cellulaires*. Ces relations elles-mêmes sont évidentes en ce qui concerne l'appareil cérébro-spinal et l'appareil circulatoire, puisque le groupe central de chacun de ces systèmes (cerveau et moelle épinière d'une part, cœur d'autre part) est pourvu de ramifications, qui s'étendent dans toutes les régions et pénètrent dans l'intimité des organes. Mais l'appareil digestif et l'appareil respiratoire ont, sans doute, eux aussi, des expansions cellulaires qui les rendent contigus aux autres appareils ; seulement celles-ci ne sont pas rigides et filiformes, elles correspondent à la dissémination, dans la totalité de l'économie, de cellules réagissant sur le même mode fonctionnel que l'appareil principal et mélangées aux autres tissus sous une forme qui échappe à notre perception directe. On ne peut en effet expliquer qu'ainsi la *simultanéité de vibrations fonctionnelles* révélée par l'exploration externe, et que chacun de nous perçoit inconsciemment chaque fois que se localise dans la région du cœur, des membres ou de l'abdomen la *sensation physique* d'un choc subi par l'appareil cérébral ; chaque fois aussi qu'un refroidissement, une erreur d'hygiène alimentaire, une fatigue, lui révèle, sous forme de fièvre, de courbature, de défaillance simultanée ou successive des divers appareils organiques, la *généralisation du choc morbigène.* Ce dernier témoignage est, il est vrai, sujet à caution, car, très souvent, les sensations de douleur, de malaise et toutes les manifestations de troubles fonctionnels paraissent localisés à un seul appareil : une névralgie, un choc digestif, un rhumatisme, peuvent n'avoir pas de répercussion apparente sur le reste de l'économie. Mais le clinicien qui pratique l'exploration externe voit la dissémination des perturbations fonctionnelles se manifester dans les états morbides « les plus nettement localisés » par des signes perceptibles dans la région abdominale. Il comprend alors que « dans les conditions où s'exercent naturellement les fonctions de la vie on n'observe jamais que des faits simultanés » et que « *si les fonctions se conditionnent les unes les autres, c'est seulement dans l'espace et non pas dans le temps...* »

Ce n'est pas seulement « parce que la digestion est accélérée ou la circulation sanguine plus active que le cerveau réagit avec plus de vivacité... tous ces actes fonctionnels sont simultanément modifiés... par les variations des conditions du milieu. »

En un mot l'organisme est bien une machine dont tous les rouages ont une *fonction particulière* (fonction digestive pour l'appareil digestif, loco-motrice pour le système musculaire, etc., etc.), et *s'engrènent les uns dans les autres*, (enchaînement des fonctions dans l'espace) mais tous ces rouages *vibrent à l'unisson* (synergie fonctionnelle).

« La vie de l'organisme peut être comparée à un mouvement général dont la vitesse serait la même partout, mais dont la forme se modifierait pour s'adapter aux divers tissus qui composent cet organisme.

Tandis qu'en vertu de la vitesse acquise, l'appareil organique puise dans le milieu qui lui correspond les sources de son activité spécifique, il trouve dans sa continuité avec les autres appareils organiques la forme la plus haute de son activité générale. »

Nous considérerons plus tard la loi de synergie fonctionnelle dans ses rapports avec quelques récentes acquisitions de la physiologie. Disons seulement maintenant qu'elle invite le clinicien à une grande prudence dans l'administration des substances médicamenteuses, puisqu'elle lui montre qu'un agent pharmaceutique n'agit pas seulement sur le groupe cellulaire dont il doit améliorer le fonctionnement, mais place l'organisme, tout entier dans des conditions de milieu artificielles, qui obligent la totalité des agrégats à vibrer sur des rythmes anormaux.

2. — *Dissociation fonctionnelle.*

Nous avons dit tout à l'heure que tous les appareils organiques vibraient à l'unisson en vertu de leur contiguité (synergie fonctionnelle). Mais il ne peut naturellement en être ainsi que tant que les appareils organiques sont aptes à fournir ces vibrations isochrones, c'est-à-dire lorsqu'ils ont *le même degré de tonus cellulaire.*

Lorsque, par suite d'usure évolutive, les divers agrégats sont de valeur biologique inégale, on voit se manifester dans leurs rythmes respectifs une indépendance relative qui a été désignée par Sigaud sous le nom de *dissociation fonctionnelle.* Nous avons déjà eu un exemple de cette manifestation lorsque en étudiant l'exploration externe du tube digestif, nous avons vu l'estomac se distendre tandis que le colon se contractait et vice versa.

Les alternatives de fièvre et d'abattement, de constipation et de diarrhée, d'hypertrophie cellulaire et d'amaigrissement, etc., etc., qui illustrent les processus pathologiques sont des manifestations de même ordre. Elles signifient que *lorsque l'excitabilité d'un appareil est épuisée il vibre sur un rythme opposé à celui auquel il avait obéi auparavant.*

De même dans le domaine de la physiologie expérimentale, « la dilatation vasculaire succède à la contraction suscitée par l'excitation du sympathique, la fibre musculaire cesse de réagir après une série d'excitations répétées, etc. »

Or, les mouvements cellulaires sont l'expression d'une multitude de rythmes superposés (1) qui dans les conditions physiologiques sont indiscernables, et que la maladie *réfracte* comme le prisme ou le nuage générateur de l'arc-en-ciel réfracte les rayons de la lumière blanche.

Ainsi s'expliquent les définitions données par Sigaud de la santé et de la maladie ; « la santé, c'est *l'unité fonctionnelle*, la maladie, c'est la *dissociation fonctionnelle* ».

Cette conception de la pathologie enlève à l'expression de « *choc* » morbide son caractère métaphorique pour en faire la traduction parfaite de la réalité. En présence d'excitations inadéquates à sa réceptivité présente la cellule *s'affaisse* d'abord (hypotonie fondamentale), puis manifeste son *effort* en *intensifiant son rythme originel* (hypersthénie fonctionnelle), et enfin se *dissocie*, c'est-à-dire subit une désagrégation momentanée de ses molécules constitutives qui laisse intacts les rythmes dont elle est animée.

---

(1) Il existe, nous disent les physiologistes, des cycles pour la pulsation, la respiration, l'élimination de l'acide carbonique, le poids du corps, la croissance, etc ; l'un des plus faciles à observer parce qu'il est très facilement troublé, est celui que crée chez la femme la fonction menstruelle.

Tant que la réceptivité des appareils organiques est large, c'est-à-dire tant que ces appareils s'adaptent facilement aux milieux cosmiques, il est exceptionnel que les dissociations fonctionnelles soient perçues par le sujet. Elles se présentent « sous la forme d'épisodes morbides fugitifs, méconnus, insoupçonnés même, qui dévient peu à peu tout le mouvement nutritif et créent prématurément un état d'usure d'autant plus difficile à expliquer physiologiquement que l'histoire du sujet faite d'après les habitudes classiques ne révèle rien de significatif. »

Or, c'est précisément « la connaissance de ces déséquilibres passagers, de ces dissociations fonctionnelles momentanées » qui « est à la base de toute interprétation clinique; c'est la clef indispensable qui ouvre le secret de tous les états organopathiques. Si l'évolution de chaque individu laisse dans son histoire des traces saisissables, ce sont ces déséquilibres momentanés inconscients qui nous en donnent la raison dernière, la lumineuse explication ».

Cependant les chocs répétés ou intenses diminuent progressivement les énergies cellulaires, et, dans la plupart des cas, les excitations cosmiques ne subissent pas de modifications parallèles à celles de la réceptivité organique. C'est alors que l'élément histologique accomplit l'*effort* qui lui permettra de remplir *des obligations invariables avec des forces diminuées*. Cet effort ne peut prendre que deux formes, commandées par l'orientation originelle des rythmes cellulaires : l'augmentation de la *masse* et celle de la *vitesse*. Ainsi s'explique que l'amaigrissement (augmentation de la vitesse) soit, comme l'hypertrophie et la dégénérescence graisseuse, une manifestation *d'insuffisance fonctionnelle*.

Mais voici venir le moment où *l'aptitude à l'effort est épuisée* ; l'élément histologique ne peut plus modifier son rythme originel ; alors apparaît « cet état organique d'écroulement des éléments anatomiques... dans lequel ces deux éléments, forme et fonction, se trouvent ramenés à un état rudimentaire. Le temps du ressaisissement progressif correspond précisément à ce que l'on désigne communément sous le nom de maladie (1). »

(1) La maladie est envisagée ici au point de vue dynamique ; nous dirons plus tard son équivalent morphologique.

QUATRIÈME PARTIE

La Forme humaine

CHAPITRE XIII

La morphologie individuelle et l'irritabilité cellulaire

I. — *Morphologie de formation et morphologie de fonctionnement*

Il nous reste à parler de la participation prise à la genèse de la morphologie individuelle par la modalité constitutionnelle de l'irritabilité, c'est-à-dire par la manière dont se manifestent chez un individu donné les aptitudes réactionnelles de la cellule.

« *L'irritabilité cellulaire, qui se définit exactement par les qualités attractives intrinsèques et extrinsèques de l'agrégat protoplasmique va en décroissant de la naissance à la mort* ». Autrement dit, la décroissance de l'irritabilité constitue la vie même.

Cette irritabilité est d'abord assez parfaite pour aboutir à la prolifération des éléments histologiques, puis elle diminue progressivement de manière à rendre l'homme de plus en plus insensible aux influences extérieures, jusqu'au moment où s'éteint en lui la vie, c'est-à-dire l'attraction de la cellule pour elle-même et pour son milieu spécifique.

Mais la marche de cette dégénérescence progressive n'est naturellement pas la même chez tous les individus. Elle varie avec les virtualités héréditaires et les conditions de milieu, comme la courbe tracée par un projectile varie avec son potentiel énergétique et la pression qu'il subit. C'est pour exprimer cette idée que Sigaud a emprunté à Claude Bernard l'expression de « trajectoire évolutive », qui évoque de façon si parfaite l'image de l'évolution individuelle des êtres vivants. Toute thérapeutique doit, pour être rationnelle, s'étayer sur la prise en considération des facteurs qui commandent la forme de la trajectoire évolutive : modalité individuelle de l'irritabilité cellulaire et de la dissymétrie organique d'une part, conditions de milieu présidant à l'évolution d'autre part.

« Il n'est pas à proprement parler de ligne de démarcation physiologique entre les diverses étapes » de cette évolution.

Celui qui se place en dehors des conditions créées par la nécessité d'exposer des idées ou des faits « voit se fondre dans un ensemble harmonieux toutes les phases si diverses de la vie morphologique, l'enfance, l'adolescence, l'âge mûr et la vieillesse ».

Mais la science a la classification pour principe et pour résultante et, comme on l'a très bien dit, toute sa difficulté « consiste à traduire la continuité des choses par le discontinu du langage qui les exprime » (Thooris). De même que le chimiste ne peut étudier les affinités atomiques qu'en les isolant des autres influences dont l'action combinée s'ajoute à elles pour commander la structure des édifices moléculaires ; (le physicien se trouve dans l'obligation de rapporter le mécanisme des phénomènes à la mise en jeu de forces qui n'ont d'autre substratum que les effets observés, le biologiste ne peut étudier la vie qu'en introduisant des solutions de continuité, d'abord entre les êtres vivants et les milieux qui sont leur prolongement et la condition de leur existence, en second lieu, entre les diverses manifestations de l'activité fonctionnelle.

En se plaçant à ce point de vue on peut diviser l'ensemble des réactions morphologiques en deux catégories : les unes relatives à l'*acquisition des formes constitutionnelles*, à « *l'effort pour être* » ; les autres qui ne sont que des *réactions compensatrices commandées par les défectuosités d'un milieu imparfaitement adapté à l'organisme*, et par lesquelles s'exprime « *l'effort pour vivre* ».

Les premières ont été désignées par Sigaud comme ressortissant à la *morphologie de formation*. Elles embrassent la durée de la vie qui s'étend jusqu'à la terminaison de la croissance, commandent la genèse des quatre types humains que nous avons désignés sous les noms de *Respiratoire, Digestif, Musculaire* et *Cérébral* et expriment surtout les *rapports de la forme humaine aux milieux cosmiques*.

Les secondes ont été rapportées par Sigaud à la *morphologie de fonctionnement*. Elles sont relatives à la manière dont un organisme réagit aux excitations extérieures et expriment surtout les *rapports de la forme humaine à la modalité d'irritabilité cellulaire fournie par l'hérédité*.

2. — *L'irritabilité cellulaire et les milieux cosmiques*

Les modalités et manifestations de l'irritabilité cellulaire ont été établies par Sigaud dans le premier fascicule de son dernier ouvrage : *La Forme humaine*, qui vient de paraître, et qui est au *Traité clinique de la Digestion* ce que celui-ci était au premier ouvrage de l'auteur, la matière organisée engendrée par la synthèse des éléments recueillis et classés au cours des recherches précédentes.

Rien n'évoque plus que l'œuvre du penseur dont nous parlons l'idée d'une ascension dont chaque étape rapprocherait le voyageur d'un horizon entrevu par échappées en cours de route.

A mesure que l'on se rapproche du sommet de la montagne, on voit se dessiner les profils du paysage qui, tout à l'heure, va nous apparaître dans sa plénitude. Ces collines, ces clairières, ces cours d'eau, perçus durant la montée comme des accidents de terrain et des décors sur lesquels l'œil se pose un instant, vont, au terme du voyage, fondre leurs images multiples en une image unique ; la vallée s'unira à la montagne et celle-ci aux ondulations de la plaine ; l'ensemble de la région se fragmentera en taches multiformes et multicolores. Voilà, nous le répétons, l'impression que l'on subit en étudiant l'œuvre de Sigaud.

La contrée parcourue est la vie. Dans les livres précédents, elle était la terre étrangère sur laquelle on s'avance les armes à la main en abattant de-ci de-là l'obstacle qui barre la route. Dans celui-ci elle s'étend devant nous, mystérieuse encore certes, et ne livrant que progressivement ses innombrables richesses au patient explorateur, mais soumise et pacifiée.

Dès la première page, une atmosphère déjà respirée, semble-t-il, nous pénètre. C'est celle dans laquelle nous plongèrent autrefois le séjour des plus hautes altitudes conceptuelles, la lecture d'un Spinoza, par exemple.

Et la perception placée à la source de ce souvenir est celle du monisme universel, qui, dans les deux œuvres, semble, telle une toile d'araignée projetée sur un moucheron, envelopper la créature de ses tentacules filiformes. Dans les deux œuvres, l'univers et l'homme son émanation, le macrocosme et le microcosme, s'interpénètrent, s'attirent, se repoussent, déposent l'un sur l'autre de mutuelles empreintes. Inexorablement la cause s'enchaîne à la cause, de telle sorte qu'un fait ne soit plus que la superposition des vibrations qui s'entrecroisent éternellement dans l'infini de l'espace et de la durée.

« Le monde vivant, nous dira par exemple Sigaud, est un assemblage de *centres de mouvements*. Considérons l'organisme humain : autant d'appareils distincts, autant de centres de mouvements homologues. Considérons notre ambiance : c'est une variété infinie de formes, répondant à autant de centres de mouvements.

Chacun de ces centres s'objective par une forme matérielle différenciée, sorte de barrière destinée à endiguer notre synthèse..... Le but de la science est de connaître les relations qui unissent entre elles les formes vivantes ; il n'y a dans la vie que des formes et des contacts de formes..... Connaître une forme vivante équivaut, d'une part, à savoir la nature des mouvements propres à cette forme ; d'autre part à distinguer les formes voisines dont les mouvements s'harmonisent avec ceux de la forme étudiée..... « Humectez cette papille érigée et dure ; instantanément, elle s'affaisse et devient molle. Introduisez une substance sucrée dans cet estomac rétracté ; vous assistez immédiatement à sa détente, à sa distension. Faites passer une image agréable devant les yeux de ce désespéré et vous verrez tous ses traits se détendre, sa figure changer de forme ».

C'est donc dans la forme que s'objective le degré existant dans l'adaptation des mouvements extrinsèques aux mouvements cellulaires, et vice-versa, autrement dit la facilité avec laquelle ces mouvements s'épousent réciproquement. « Certaines formes traduisent l'adaptation ; certaines formes traduisent le défaut d'adaptation ».

Le circulus moléculaire de la substance ambiante à l'organisme s'accomplit-il facilement ? Il y a alors entre les deux un contact intime portant sur la totalité des surfaces organiques et se manifestant par la perfection de l'assimilation réalisée, perfection qui elle-même a pour résultante la stabilité de l'équilibre fonctionnel.

« Au contraire, si ce circulus est malaisé, irrégulier, le contact se rétrécit peu à peu, et les deux substances tendent à se repousser et peuvent finalement s'éloigner l'une de l'autre. L'adaptation est alors difficile, irrégulière ou impossible. Mais dans ce cas les difficultés du circulus moléculaire ont amené des altérations de forme dans les deux substances ; et, parmi ces altérations de forme, l'une est à retenir surtout, *l'affaissement* de nos éléments anatomiques, parce que la région abdominale nous l'a révélé, et nous la révèle chaque jour avec une objectivité vraiment surprenante. »

L'affaissement cellulaire existe toujours en fait puisqu'il est la forme objective de l'hypotonie, que nous avons, au début de cette étude, placée à la source des manifestations morbides, mais il est polymorphe comme cette hypotonie elle-même (1); sa forme directe est *l'aplatissement ou excavation*, ses formes indirectes, le *gonflement* et la *prolifération des tissus adipeux ou conjonctifs*.

« Alors que l'organe affaissé est d'une excitabilité exquise l'organe gonflé est remarquable par son faible degré d'excitabilité.

La réaction de gonflement, en raison de ses conditions génératrices (violence ou nature du contact, paroxysme passager d'excitabilité) est un phénomène toujours local, et les régions adjacentes à la zône gonflée traduisent leur réaction propre par un mouvement inverse de sténose, de coarctation, proportionné au mouvement de distension. C'est ainsi qu'avec le gonflement gastrique, nous avons une sténose pylorique et que le gonflement cœcal s'accompagne d'une sténose colique. Ce sont des phénomènes analogues qui se passent dans les vaisseaux capillaires; la vaso-dilatation entraîne une vaso-constriction voisine parallèle.

A ces gonflements localisés, nous donnons, en morphologie, le nom de *bosses*.

Parfois les bosses sont peu accentuées, et les

____

(1) Voir page 134.

coarctations à peine marquées ; ce sont alors de simples ondulations plus ou moins nettes suivant les régions.

L'affaissement localisé rappelle en sens contraire le gonflement dont nous venons de parler.

« Rien ne saurait mieux donner l'idée de cet affaissement localisé que le *creux* formé à la surface d'un ballon à demi dégonflé.

Ce creux est, en général, limité par un rebord épais d'apparence irrégulière. Il est plus ou moins profond ; parfois c'est un simple *méplat*.

Il affecte des formes variables suivant les régions où il siège ; très profond, régulièrement arrondi en forme de cuvette au niveau de l'abdomen ; allongé en large rigole au niveau de la région sternale ; simple gouttière transversale au-dessus des arcades sourcilières ; méplat bilatéral au niveau des régions pariétales etc., etc. »

Le degré d'adaptation existant entre l'organisme et l'ambiance s'exprime non seulement dans la forme de l'organisme, mais aussi dans la forme générale de la trajectoire évolutive.

A l'adaptation constante et facile correspond la formation régulière et prolongée. L'adaptation intermittente et difficile s'objective dans trois modes de formation : la formation irrégulière avec *développement tardif*, la formation irrégulière avec *développement précoce*, la formation irrégulière avec *développement ralenti et indéfiniment prolongé*. L'enfant qui est sans appétit jusqu'à dix ans, l'enfant qui ne grandit qu'entre quinze et dix-huit ans, l'adolescent qui ne s'intéresse à l'étude qu'après vingt ans, voilà des exemples de formation irrégulière avec développement tardif. Elles s'expliquent par une insuffisance de l'irritabilité cellulaire.

La formation irrégulière avec développement précoce est rapportable à la même cause ; « c'est la formation proprement automatique ; le milieu est indifférent ; on sent que la force hérédité est pour ainsi dire seule agissante. L'individu est pourvu de muscles volumineux sans avoir cultivé le mouvement, il a des connaissances encyclopédiques et des jugements mûris sans avoir pris contact avec ses semblables ni avec la multiplicité des éléments sociaux.

Les formations lentes et prolongées sont *régulières* ; elles répondent à un processus strictement parallèle à l'adaptation : absence d'automatisme, influence constamment présente du milieu ambiant, effacement de la force hérédité, telles sont les caractéristiques de ces formations. L'individu ne devient *quelqu'un* musculairement ou cérébralement que d'une façon progressive et en proportion des influences provocatrices qu'il trouve dans son ambiance (1). » Disons encore, pour complé-

(1) On voit que l'aptitude à être façonné par le milieu est considérée par Sigaud comme un criterium d'élasticité cellulaire. C'est là une opinion qui a aussi été appliquée à la morphologie générale. « Lorsque des êtres sont mal adaptés à un milieu donné, dit par exemple M. Houssay, c'est qu'ils n'étaient plus assez plastiques pour être modifiés par ce milieu. »

ter ce schéma des rapports existant entre l'irritabilité cellulaire et les milieux cosmiques, que, au cours de toutes les évolutions, il se produit dans le circulus moléculaire qui relie ces milieux à l'organisme, des arrêts qui se manifestent morphologiquement par de la *stase* cellulaire.

La stase est la forme spatiale de la maladie. Si au point de vue *dynamique* celle-ci apparaît comme une manifestation *d'inertie* ; si au point de vue *physiologique* elle s'incarne dans la *dissociation des fonctions* ; au point de vue *morphologique*, elle est assimilable à un engorgement, à une *stase*. Mais avant d'aborder ce chapitre, il nous faut dire quelques mots du rôle que jouent les diverses *modalités de l'irritabilité cellulaire* dans la *genèse des formes*, et par conséquent dans les intéractions de l'organisme et de l'ambiance. C'est en effet à cette modalité que doit surtout être rapporté le degré de l'affaissement cellulaire consécutif au choc pathogène. L'intensité plus ou moins grande de ce dernier est, en l'espèce, un facteur secondaire.

3. — *Types fournis par l'Irritabilité cellulaire.*

a) Aperçu général. — L'irritabilité cellulaire peut être *parfaite, insuffisante* ou *exagérée*.

Lorsqu'elle est parfaite (excitabilité simple), « *la réaction est égale à l'action, le contact cosmique main-*

tient *l'équilibre de la forme et de la fonction* » ; le choc pathogène se manifeste par un *affaissement franc* immédiatement suivi d'un *relèvement intégral.*

Lorque l'irritabilité cellulaire est exagérée, autrement dit lorsque la cellule est *hyperexcitable,* « *la réaction est exagérée par rapport à l'action, le contact cosmique tend à rompre l'équilibre aux dépens de la forme* », on se trouve en présence du *rythme accéléré.*

Avec *l'irritabilité cellulaire insuffisante* ou *hyperexcitabilité,* « *la réaction est diminuée par rapport à l'action, le contact cosmique tend à rompre l'équilibre aux dépens de la fonction* » ; on se trouve en présence du *rythme ralenti.*

L'irritabilité cellulaire parfaite fournit le type auquel Sigaud avait tout d'abord donné le nom de type fixe, et qui dans la nomenclature actuelle est désigné sous les noms de type *franc* ou *régulier.*

Nous l'étudierons tout à l'heure.

L'irritabilité cellulaire insuffisante ou *hypoexcitabilité* (rythme ralenti) produit le type *rond,* dont l'organisme est uniformément arrondi, le plus souvent volumineux : « crâne arrondi, faciès lunaire, menton et pommettes sans relief, arcades sourcilières en arc de cercle, abdomen et thorax globuleux ou cylindrique, membres de forme arrondie » (Sturel) « creux et méplats localisés tels que abdomen excavé, rigole sternale etc. »

L'irritabilité cellulaire exagérée ou *hyperexcita-bilité* (rythme accéléré), fournit les types *plat* et *bossué* ; (pour le type plat : « prédominance de la ligne droite et de la surface plane ; surfaces reliées par des arrêtes vives ; front plat, nez effilé, région thoracique antérieure et région abdominale ne formant qu'un seul plateau sans démarcation et sans relief » (Sturel) ; pour le type *bossué* bosses localisées telles que « thorax bossué en carène, à base rétrécie, membres aux reliefs arrondis avec finesse des attaches, etc., etc. »).

Nous appelons l'attention sur le fait que les *creux et méplats* localisés caractérisent le type *rond* et les *bosses* localisées le type *bossué* (qui est une variante du type plat).

L'effort fonctionnel s'objective en effet chez le type rond par de l'affaissement et chez le type plat par du gonflement, puisqu'il y a effort lorsque la cellule ne peut plus opposer aux actions de milieu son mode de réaction habituel et que pour cette raison le mode de réaction opposé lui succède.

Supposons maintenant que les méplats du type rond se généralisent : l'individu perdra son aspect uniformément arrondi et nous nous trouverons en présence d'un type nouveau, le type *cubique* (variante du type rond), qu'on ne saurait, nous dit Sigaud, mieux caractériser qu'en lui appliquant la locution populaire « taillé à coup de hache. »

En résumé l'irritabilité cellulaire fournit cinq types principaux : le type *plat* et le type *bossué*, qui sont fonction de l'hyperexcitabilité ; le type *rond* et le type *cubique*, qui évoluent dans l'hyperexcitabilité, et le type *franc* fourni par l'excitabilité simple (1).

b) L'irritabilité cellulaire et les prédominances organiques. — Que sont devenues dans cette nouvelle classification, les prédominances organiques précédemment étudiées ?

Déjà elles s'étaient, nous dit Sigaud, imposées dans la majorité des cas à notre attention par les particularités morphologiques qu'elles mettaient en lumière. Un individu, par exemple, était remarquable par la courbe de ses membres, un autre par son thorax tourmenté, un troisième par son front proéminent pourvu de sillons profonds. C'étaient évidemment : le premier un Musculaire, les autres un Respiratoire et un Cérébral.

La prédominance n'a donc rien perdu de son importance ; seulement à mesure qu'elle a été mieux étudiée, elle s'est révélée plus polymorphe en ses manifestations, et d'interprétation plus complexe. L'auteur de *La Forme humaine* a compris que sa

(1) Ceci nous montre que les types de Fort et de Faible établis par Sigaud dans ses premiers ouvrages correspondaient approximativement, le premier aux types hypoexcitables actuels, le second aux types hyperexcitables. Mais naturellement il ne saurait être en l'espèce question d'équivalence. Nous voulons seulement montrer que les investigations de l'auteur se sont toujours exercées dans une direction homogène.

signification était subordonnée à celle des stigmates fournis par l'irritabilité cellulaire, autrement dit que la signification de la *morphologie de
formation* était subordonnée à celle de la *morphologie de fonctionnement*. C'est là l'acquisition scientifique à laquelle nous faisions allusion en disant
précédemment que les cadres de la classification
morphologique allaient s'assouplir dans une mesure suffisante pour pouvoir s'adapter à l'infinie
variété des formes individuelles.

Tels individus, par exemple, sont porteurs de
déformations disséminées, et paraissent dépourvus de prédominances organiques ; c'est que
tous les appareils se développent chez eux en
épaisseur autant qu'en surface ; « tous sont sensiblement égaux, jouissent des mêmes prérogatives
d'exubérance morphologique et de puissance fonctionnelle ; l'organisme garde une forme en apparence fixe, sans déformation ni pendant ni
après la période formative. »

Ces êtres faiblement hiérarchisés sont les *ronds*
et les *cubiques*.

Chez les autres la prédominance se révèle soit
par l'étendue en surface, soit par la morphologie
tourmentée ou hypermégalique de l'appareil
principal. L'organisme de ces derniers offre
d'ailleurs, lorsqu'on l'envisage dans son ensemble,
des caractéristiques analogues pendant la période
formative. Et, après cette période il manifeste
ses aptitudes réactionnelles par « des alternatives

de maigreur et de grossissement, ou mieux d'affaissement uniforme et de relèvements ondulés ou mamelonnés. »

Ces individus à prédominance tantôt étendue en surface avec morphologie générale uniforme, tantôt à prédominance grossière ou même monstrueuse avec morphologie générale irrégulière sont, les premiers des *plats* proprement dits, les seconds des *bossués* (1).

Chez les troisièmes enfin, nous trouvons à la fois une absence complète de déformations locales et une absence apparente de prédominance : nulle dissymétrie accusée, nul relief sollicitant immédiatement l'attention. Cependant, à y regarder de plus près, nous apercevrons chez les sujets considérés une région du corps dont les formes sont particulièrement harmonieuses et les tissus particulièrement souples ; dans laquelle l'argile humaine semble, en un mot, plus frémissante, plus docile aux sollicitations extérieures : cette région est celle de la prédominance, et les individus ainsi conformés sont les types *francs*.

Là où les courbes ont un maximum d'ampleur et

(1) D'où cette conclusion que les types *Respiratoire Musculaire* et *Cérébral* décrits dans le Tome II du *Traité Clinique de la Digestion* et auxquels l'auteur avait attribué la plénitude d'élasticité fonctionnelle qui dans la nomenclature actuelle caractérise le type *franc*, correspondent approximativement aux types *plats* actuels. L'écart n'est pas très important puisque les *plats* et les *bossués* ont eux aussi un haut coefficient de valeur biologique, et que d'autre part la non variabilité morphologique avait été dès cet ouvrage considérée comme un critérium d'élasticité.

de souplesse est, chez le type franc, l'appareil principal ; dans les autres agrégats les courbes se rapprochent davantage de la droite, et celui d'entre eux où cette rigidité relative se manifeste le plus pleinement doit être considéré comme étant le moins élastique. On observe au surplus chez le type franc une remarquable gradation de la réactivité cellulaire, car il est avant tout caractérisé par la parfaite *hiérarchisation de ses appareils*. Ceux-ci « se rangent immédiatement à la suite de leur chef, gardent une importance morphologique réelle, et, fait significatif et nouveau, une importance régulièrement décroissante », si bien que la prédominance ne se présente plus à l'observateur que « comme le couronnement d'un édifice solide dans tous ses organes, et harmonieux dans toutes ses lignes ». De là le nom de type *hiérarchisé* donné aussi par Sigaud au type franc.

Les ronds et les plats proprement dits sont d'autre part englobés sous la commune dénomination de types *réguliers* ou *uniformes* tandis que les types *cubiques* et *bossués* appartiennent à la catégorie des types *irréguliers* dits aussi *indécis* (1).

Enfin on peut encore, par commodité, désigner

---

(1) Les dénominations de type *hiérarchisé*, *régulier* et *irrégulier* correspondent au point de vue *morphologique* fourni par la considération de l'évolution dans l'espace ; celles de type *franc* et *indécis* au point de vue *fonctionnel* fourni par la considération de l'évolution dans la durée.

sous la commune appellation de types *variables* tous les types autres que le type franc.

Ce dernier est encore très souvent remarquable au point de vue morphologique et fonctionnel par la vivacité des jeux de physionomie localisés au niveau de l'appareil facial prédominant.

« Une prédominance, dit M. Thooris, ne vaut que par la mimique qui la souligne. N'ayez aucune confiance en un Musculaire chez qui les trois étages de la tête ne sont pas également expressifs, s'il n'a pas le regard clair, ces jeux de lumière, ces vibrations, ces ondulations de clarté et d'ombre, qui semblent courir sur la surface de son corps au moindre geste, même au repos. Contemplez l'attitude d'un musculaire au repos, il y a plus de mouvement dans ce repos, plus d'instinct, plus d'art du mouvement que dans un geste de digestif.

Ne faites pas fond sur un Cérébral dont le front semble figé et l'œil terne. C'est un masque sans flamme intérieure, c'est une façade sur du vide. Un Cérébral figé n'est pas un vrai Cérébral ou est un Cérébral bien près de la mort.

On reconnaît un Digestif à l'expression de satisfaction que prend sa physionomie au cours d'un bon repas, ou même de descriptions ou évocations se rapportant à des objets gastronomiques. La forme digestive de l'imagination et de la mémoire visuelle et littéraire est, par exemple, répandue chez beaucoup d'intellectuels pour lesquels la bonne chère est le support de satisfactions à la fois sensuelles et esthétiques ; c'est qu'ils ont une prédominance digestive plus ou moins accusée (1).

Sous le rapport fonctionnel, on constatera chez le respiratoire franc le besoin d'un air abondant, renouvelé, ou pourvu de certaines qualités spéciales telles que la pureté, la sécheresse, l'humidité, et une sensibilité particulière aux bonnes et aux mauvaises odeurs.

En résumé, « la prédominance est le garant de la valeur biologique de son porteur, à condition qu'elle soit faite de forme et de fonction ; elle exprime l'unisson de l'organisme et du milieu, l'unisson d'un résonnateur accordé avec le dehors » (2).

Disons encore que, au point de vue évolutif, le type franc est remarquable par un équilibre fonctionnel de durée à peu près égale à celle de l'évolution individuelle, et dû tout entier à l'aptitude qu'il possède de ne rechercher que la qualité et la quantité d'excitations qui lui sont nécessaires. La plénitude des attractions qui s'exercent

---

(1) Cette observation s'étend d'ailleurs aux prédominances *musculaire* et *respiratoire* ; les nombreux amateurs de boxe qu'on rencontre parmi les écrivains modernes ont sûrement des appareils musculaires exigeants ; les poètes qui, comme Verhaeren et Whitmann, ont célébré avec tant d'éloquence l'ivresse de la vie à l'air libre, ont sans doute des poumons non moins frémissants que leur cerveau. D'une façon générale on constate chez les cérébraux contemporains une aspiration aux voluptés puisées dans le contact direct de l'ambiance.

(2) Thooris. *Bulletin de l'union fédérative des médecins de la Réserve et de l'Armée territoriale.* Janvier 1914.

entre la cellule et les milieux cosmiques engendre chez lui des besoins organiques accentués, qui président à l'harmonieuse organisation de la vie.

La faculté qui préside à l'éclosion de ces besoins est désignée par Sigaud sous le nom de *sensibilité* ou *conscience organique*.

L'individu pourvu d'une sensibilité organique développée choisit le mode d'alimentation, la profession, le milieu atmosphérique et le milieu social en harmonie avec son tempérament, et si les circonstances le contraignent à donner à sa vie une direction autre que celle à laquelle il aspire, il neutralise ces dissidences. Respiratoire ou Musculaire il donne à la vie au dehors ou à l'activité physique les loisirs laissés par les occupations professionnelles ; Cérébral, il cherche dans l'étude, la lecture, le contact d'un milieu social choisi, un délassement à un travail mécanique ou routinier. Et à mesure qu'il avance en âge, il restreint son champ de travail fonctionnel, absorbe moins de nourriture, dépense moins d'activité physique et intellectuelle, vit dans une atmosphère plus confinée, maintient en un mot un parallélisme étroit entre la décroissance de l'excitabilité et celle des excitations.

La conscience organique et sa forme objective, la hiérarchisation des appareils organiques, sont « le fruit de l'heureuse collaboration des deux forces qui gouvernent l'organisme humain, l'hérédité d'une part, l'ambiance cosmique d'autre part.

« Alors que le *Type uniforme* est emporté pour ainsi dire par une hérédité déchaînée et s'appuie sur l'ambiance cosmique sans en discerner les éléments constitutifs, alors que le *Type irrégulier*, au contraire, évolue sans cesse ballotté par des influences cosmiques ou trop vives ou trop prolongées, le *Type hiérarchisé* puise également au deux sources d'énergie, aussi bien pour se constituer que pour garder son équilibre fonctionnel. »

Le *plat* et le *rond* sont caractérisés au point de vue fonctionnel, le premier par un besoin d'excitations variées et fréquentes — « on peut lui demander tous les efforts, toutes les besognes » — le second par une aptitude minima à la résistance et un champ d'adaptation très étroit. Il lui faut une vie réglée uniforme, sans heurts ni secousses, et les excitations massives qui sont seules capables de faire contre poids à l'hyperexcitabilité constitutionnelle.

Muscles massifs mais dépourvus de force, tête volumineuse et absence de réactivité cérébrale, appareil digestif d'apparence florissante, sensible en réalité aux moindres défectuosités du milieu alimentaire, voilà quelques-unes des caractéristiques du rond. Pendant la période d'équilibre fonctionnel, les individus de cette catégorie « recherchent les exercices violents, la nourriture copieuse, l'atmosphère bouleversée, le travail intellectuel intensif. La qualité, la distinction, le dosage sont pour eux choses inconnues, insoupçonnées même.

Naturellement les types *variables* ne restent pas semblables à eux-mêmes pendant toute la durée de l'évolution. Le plat évolue en s'aplatissant de plus en plus, le rond en s'arrondissant ; l'âge dessèche le premier et épanouit le second, qui peut cependant aussi revêtir partiellement des contours anguleux sous l'influence des chocs pathogènes et de la rétraction réactionnelle qu'elle engendre.

En outre l'accentuation des courbes et des lignes droites limitatrices de la forme est aussi variable dans l'espace, même en dehors des gonflements et des creux qui stigmatisent l'effort fonctionnel. Certaines régions du corps sont plus aplaties et plus dilatées que d'autres. Enfin il faut encore ajouter à tous ces éléments de non homogénéité réactionnelle, la considération que les différents types morphologiques se présentent rarement à l'état de pureté absolue. Il est peu fréquent, par exemple, de rencontrer des types tout à fait francs, mais on se trouve souvent en présence de types proches du type franc.

D'autre part, il est possible de dégager des formes de transition par lesquelles les types variables sont reliés les uns aux autres quelques variétés définies. C'est ainsi que le type bossué chez lequel des bosses nombreuses peu accentuées et étendues à la totalité des appareils donnent à l'ensemble de l'organisme une apparence mamelonnée, est généralement de petite taille. C'est le *petit bossué*. Il se rapproche du rond tant par la forme générale de son corps — qui est dilaté dans la plupart de ses parties — que par sa faible résistance organique. Son pendant est le *grand bossué* qui est robuste, de haute stature, plat dans son ensemble, mais pourvu de bosses très accusées localisées à un seul appareil, généralement l'appareil prédominant.

La catégorie des types cubiques comprend, elle aussi, deux variétés, le *grand cubique*, d'apparence colossale, proche du rond, d'une part par ses formes aussi rondes que cubiques, d'autre part par sa fragilité et son inaptitude à l'effort ; le *petit cubique* « de taille réduite, abondamment pourvu de méplats qui donnent aux diverses régions de son corps la forme d'autant de parallélipipèdes », et très résistant.

Quant aux réactions morphologiques correspondant à l'*effort fonctionnel*, elles sont représentées, tantôt par l'apparition plus ou moins nette de *creux* chez le *rond* et de *bosses* chez le *plat*, tantôt par l'accentuation des déformations préexistantes. Et toujours elles renseignent sur la validité actuelle des appareils organiques : la *bosse* stigmatise l'*hypoexcitabilité*, le *creux* sous toutes ses formes (sillon, méplat, etc.) l'*hyperexcitabilité*.

Ces constatations ont d'importantes applications au diagnostic et à la thérapeutique ; nous les retrouverons tout à l'heure. Pour le moment nous nous contenterons d'appeler l'attention sur le fait que l'intensification du rythme cellulaire originel (hyperexcitabilité au sens large) (1) est *constante*, c'est-à-dire présente pendant toute la durée de l'évolution, chez les types *plat* et *bossué ; intermittente* c'est-à-dire présente seulement à certaines périodes de l'évolution, chez les types *rond* et *cubique* et aussi chez le type franc.

« Cela équivaut à dire que les individus de la première catégorie ne réalisent qu'une seule forme d'adaptation, en dehors de laquelle ils tombent dans le déséquilibre fonctionnel, deviennent le siège de stases morbides. Les individus de la seconde catégorie réalisent des formes d'adaptation multiples, en réalité plus complexes. Chez les ronds et les cubiques, l'hyperexcitabilité toujours localisée, est essentiellement migratrice et dénoncée par les déformations (creux et méplats) dont elle est la compagne nécessaire, et le déséquilibre n'apparaît qu'au terme des localisations successives de l'hyperexcitabilité fonctionnelle. Chez le franc, rien de semblable ; le milieu, la fonction et la forme offrent un accord harmonieux qui est le fond même de l'évolution individuelle, et en reste pendant toute sa durée la caractéristique essentielle ; l'hyperexcitabilité n'apparaît que comme un accident ;

(1) Voir la note de la page 134.

comme la résultante d'une défectuosité du milieu, soit brusque et intense, faisant choc, soit s'exerçant sur un organisme en formation, partant fragile, vulnérable, susceptible d'arrêts ou de déviation dans son évolution formative.

En résumé, trois variétés d'organismes : les hyperexcitables dans tous leurs appareils, et à tous les moments de leur évolution ; les hyperexcitables dans un ou plusieurs de leurs appareils et à certains moments de leur évolution ; enfin les hyperexcitables par accident et sans nécessité évolutive ni morphologique ».

A chacune de ces formules évolutives correspondent naturellement des caractéristiques morphologiques.

« L'affaissement lentement progressif de l'organisme tout entier, avec une prédominance largement accusée, voilà le signe objectif de l'hyperexcitabilité chez l'individu du Type plat ; l'accentuation des bosses qui désignent la prédominance, et l'aplatissement des autres appareils, tels sont les stigmates de l'hyperexcitabilité chez l'individu du Type bossué ; la déformation de l'organisme qui devient anguleux ou se creuse de rigoles et de trous, décèle extérieurement l'hyperexcitabilité chez les individus du Type rond et du Type cubique. Quant au Type franc il ne traduit son hyperexcitabilité par aucun stigmate morphologique durable ; celle-ci reste purement fonctionnelle et disparaît avec le choc qui l'a fait naître. »

Les caractéristiques morphologiques et fonction-nelles des différents *types morphologiques* et les *rapports d'inversion* existant entre les réactions morphologiques *évolutives* et les réactions mor-phologiques engendrées par *l'effort fonctionnel* se manifestent avec une évidence particulière dans l'évolution de la grossesse.

« Chez le type franc, le volume de l'abdomen est strictement proportionnel à celui de l'utérus.

Chez le type bossué l'abdomen s'accroît dès la conception, bien avant que l'utérus ait grossi, et reste pendant toute la durée de la gestation d'un volume disproportionné avec celui du fœtus.

Chez le type cubique... le ventre se rétracte avec l'évolution de la grossesse, et ce n'est qu'au cin-quième ou au sixième mois que l'abdomen appa-raît de proportions exagérées. » (1)

c) *L'irritabilité cellulaire et la phylogénie.* — Si maintenant nous recherchons, comme nous l'a-vons fait pour la morphologie de formation, les conditions ayant présidé à la genèse des types fournis par la morphologie de fonctionnement, nous les trouverons dans les appels successifs que fait la vie aux diverses formes de l'irritabilité cellulaire pour modeler les générations.

De même que dans les réactions opposées par l'individu à un choc morbigène, l'excitabilité d'un appareil est mise à contribution lorsque l'ex-

____

(1). Cf pages 163-164.

citabilité d'un autre appareil est épuisée (1), de même la vie épuise en chacune de ses manifestations individuelles une des formules par lesquelles elle s'exprime.

C'est ainsi qu' « une forme humaine évoluant dans l'hyperexcitabilité croissante et avec un affaissement progressif engendrera une forme humaine de même évolution, mais avec des phénomènes d'excitabilité paroxystique localisée, qui vont créer la prédominance morphologique exagérée de l'un des appareils périphériques, de telle sorte que les trois autres paraîtront effacés. Dans une troisième génération, les paroxysmes d'excitabilité se transformeront ou même s'épuiseront pour donner naissance à des *bosses* plus ou moins disséminées, surtout localisées à l'appareil prédominant. »

Nous aurons eu ainsi, au cours de trois générations, trois manifestations différentes du type *plat*, représentées la première par un *plat proche du type franc*, la seconde par un *plat uniforme*, la troisième par un *bossué*.

Inutile d'ajouter que c'est là une interprétation schématique et volontairement unilatérale des processus qui commandent l'hérédité des formes.

« Malgré le grand nombre d'observations déjà recueillies, ajoute Sigaud, nous ne saurions en dire davantage sur cette question pleine d'intérêt,

____

(1) Voir pages 196-197.

mais qui n'entre pas dans le sujet de la présente étude. »

4. — *L'irritabilité cellulaire et le faciès humain*

Nous avons vu la *morphologie de formation* intervenir dans la genèse de la tête humaine par l'apport de la *configuration crâno-faciale* ; il nous resterait à voir comment la *morphologie de fonctionnement* contribue à édifier cette même région de l'économie en lui fournissant les qualités de coloration et d'expression dont l'ensemble constitue ce qu'on appelle le *faciès*, mais nous ne donnerons sur ce point que quelques indications générales, renvoyant comme toujours à l'ouvrage de Sigaud pour ce qui concerne la description des types (1).

Tandis que la configuration crâno-faciale apporte des indications relatives aux *rapports de l'individu et des milieux ambiants*, le faciès renseigne sur le mode individuel de la réactivité cellulaire et, en particulier, de la *réactivité nerveuse*, puisque la région considérée est l'appendice céphalique.

La diversité des faciès humains peut être ramenée à trois types principaux : le faciès *rétracté*, qui exprime la mélancolie, le faciès *dilaté*, correspondant à l'épanouissement de la physionomie et au contentement intérieur et le faciès *gras*, qui

(1) Voir *Traité clinique de la Digestion*, p. 162 164.

stigmatise l'indifférence aux influences extérieures.

« A ces trois types, que la clinique nous montre plus ou moins francs, ou bien plus ou moins fondus et entremêlés s'oppose le faciès propre à l'organisme équilibré » en lequel « chaque région de la face garde son individualité expressive et reste apte à se modifier pour traduire les nuances de l'état psychique, corrélatives des mobilités de l'ambiance sociale. »

Le mode de réactivité nerveuse qui s'exprime par le faciès peut être considéré comme le fondement de la *psychologie individuelle* : « l'individu au faciès rétracté n'élabore que de la tristesse, même avec des éléments de bonheur tout le cours de sa vie ; l'individu au faciès dilaté, toujours satisfait, toujours heureux, ne prévoit ni douleur physique, ni épreuves morales ; enfin l'individu au faciès gras passe indifférent avec une vie cérébrale que rien ne peut troubler et dont les sources paraissent insondables. »

Chacun de ces aspects du faciès compte parmi ses caractéristiques un aspect particulier des conjonctives oculaires : L'œil *humide* stigmatise la subordination de la capacité cérébrale à la sensibilité ; on le rencontre chez les émotifs ; l'œil *gras* indique au contraire une sensibilité obtuse et une notable capacité cérébrale ; l'œil *rouillé et tuméfié* révèle une sensibilité développée, de forme souvent paroxystique, mais aussi vite épuisée qu'exaltée et une « cérébration avec facettes multiples. »

Les caractéristiques oculaires s'accentuent sous l'influence des processus pathologiques. Ceux-ci transforment les infiltrations graisseuses en îlôts graisseux, qui chez certains types comme les scléreux sont souvent les seules manifestations de la dégénérescence graisseuse ; apportent à la conjonctive les teintes jaune ou verdâtre, sanguinolente ou ocreuse, qui stigmatisent, les deux premières, l'extravasation biliaire correspondant à l'hyperexcitabilité hépatique, la seconde l'extravasation sanguine, la troisième « le mélange ordinaire et ancien du sang et de la bile ».

Enfin, l'état tuméfié simple de la conjonctive, c'est-à-dire l'état de boursouflure et le défaut de transparence « est un stigmate très fréquemment superposé à tous les autres » et qu'on peut rapporter « à une sorte d'œdème lymphatique chronique de la muqueuse conjonctivale ». Il indique donc la participation du système lymphatique à la genèse d'états subaigus répétés (1)

(1) Voir Sigaud, L. C. 298-299.

CHAPITRE XIV

La Maladie (1)

1. — *Définition de la maladie ; ses traits fondamentaux*

Nous avons dit précédemment que la maladie s'objective morphologiquement par de la *stase* (2).

« Cette stase se produit ou brusquement ou lentement. Dans le premier cas, l'élément anatomique s'affaisse ou tend à s'affaisser ; le mouvement moléculaire se trouve dissocié, toute communication avec l'ambiance cosmique est abolie par absence de force attractive de la part de l'élément anatomique. Peu à peu le mouvement moléculaire se réorganise, en même temps, et parallèlement la cellule reprend sa forme, le courant se rétablit de la cellule à son ambiance et vice-versa. L'épisode morbide est terminé ». C'est *l'état subaigu franc* signalé précédemment (3).

---

(1) Nous empruntons la presque totalité de ce chapitre au texte original qu'aucune nécessité ne nous force à modifier.

(2) Voir page 211.

(3) Voir pages 130-135.

« Si la stase s'établit lentement, et la durée du processus peut varier de plusieurs mois à plusieurs années, les phénomènes deviennent plus complexes : d'abord un double mouvement d'affaissement et de distension cellulaires ; la distension, sorte de vide intra-cellulaire, appelle un courant moléculaire plus actif, crée un échange plus important entre l'ambiance et le groupement cellulaire, siège de la stase. Il se produit de la sorte un véritable engorgement, plus ou moins étendu, englobant tous les éléments de la région, qui va progressant jusqu'à épuisement des forces de distension des éléments anatomiques ; à ce moment le circulus exagéré se ralentit, puis s'arrête ; c'est un moment d'inertie sans attraction pour les éléments ambiants. Puis, comme précédemment, le mouvement moléculaire se réorganise, mais avec une lenteur proportionnée à l'importance de la stase, de l'engorgement ; les éléments anatomiques reviennent sur eux-mêmes et retrouvent peu à peu une forme voisine de leur forme ancienne ; en même temps l'appétence renaît, le circulus s'équilibre entre l'intérieur et l'extérieur ; l'épisode morbide est terminé.

..... Ce n'est pas toutefois la *restitutio ad integrum* (nous sommes en effet ici en présence de l'état chronique signalé dans les pages précédentes) (1).

Les stases à lente évolution entraînent un

____

(1) Voir pages 130-135.

double phénomène de répercussion dans les régions adjacentes : la tuméfaction et la dégénérescence graisseuse.

La tuméfaction, qui répond à un *embarras circulatoire lymphatico-sanguin*, à une sorte de *gonflement vasculaire* plus ou moins étendu, peut, avec la disparition de la stase, s'atténuer au point d'être négligeable ; le plus souvent elle persiste dans une mesure qui indique tout au moins le ralentissement des processus d'échange moléculaire et, partant, constitue un signe positif de stases nouvelles toujours à redouter.

La dégénérescence graisseuse ne disparaît jamais ; elle répond à des phénomènes de stase sans cesse renaissants et traduit la désintégration lentement progressive du protoplasme cellulaire ; elle peut subir des arrêts, des ralentissements, mais les zones dégénérées sont incapables de récupérer leur intégrité protoplasmique.

Dans certains organismes, nous assistons, toujours avec la *stase* comme *primum movens*, à l'organisation d'une trame fibreuse qui étouffe l'élément noble des tissus et rétrécit le champ fonctionnel de l'organe où elle évolue. Telles sont les compagnes de la *stase* qui reste la condition génératrice essentielle, le premier anneau de la chaîne, le fait primordial que le clinicien doit dépister et auquel il doit parer par le maintien de l'unisson entre l'organisme et son milieu.

2. — *Déformations engendrées par la stase dans les différents appareils.*

a) Stase digestive. — Dans un cas le processus de stase digestive est subaigu et généralisé : l'abdomen s'écroule et laisse voir ses limites osseuses. Le mouvement digestif est arrêté : impossibilité d'ingérer autre chose que quelques liquides ; constipation absolue.

Dans un autre cas le processus de stase est chronique et localisé. Ses deux localisations ordinaires sont l'estomac et le cœcum. Avec l'une et l'autre le sujet prend du ventre, en réalité le ventre est affaissé dans la position horizontale et tombant dans la station verticale. Et parallèlement à cet affaissement incomplet du tube digestif, évolue une distension localisée à l'un des deux réservoirs, à l'estomac ou au cœcum ; une voussure épigastrique ou iliaque droite, surtout apparente dans la station verticale, souligne cette distension par stase. La paroi abdominale se tuméfie et cette tuméfaction envahit peu à peu toutes les régions du corps avec l'évolution du processus stasique. L'appétit subit une phase d'exacerbation, s'il s'agit de phase gastrique ; les évacuations se multiplient en cas de stase cœcale. A ces phénomènes de suractivité succèdent, après un temps variable, et l'inappétence et la constipation. C'est l'éclipse momentanée de toute attraction digestive, c'est, avec l'affaissement et l'empâtement gastro-intestinal, la maladie libératrice de l'entrave qui a créé la stase. Cet état va persister plusieurs mois, puis nous aurons de nouveau et le libre circulus digestif et le ressaisissement morphologique de l'abdomen.

A chaque rechute l'affaissement augmente, la stase entraîne une distension plus accusée et la tuméfaction croit, de telle sorte que le sujet voit son ventre « augmenter avec l'âge », suivant son expression, et surtout grossir davantage après chaque maladie.

Après deux ou trois rechutes échelonnées sur un espace de dix ou vingt ans, l'élasticité de l'organe statique est épuisée et l'individu reste quelques mois malade en attendant la complication terminale. »

b) *Stase cérébrale.* — Les déformations qui accompagnent la stase cérébrale sont essentiellement discrètes « et ne peuvent être dépistées que par une observation extrêmement attentive.

En dehors d'une tuméfaction prédominante de la face tout entière et des paupières, le signe objectif qui permet de diagnostiquer à coup sûr la stase cérébrale est l'amas graisseux dans les conjonctives aux deux pôles de l'axe transversal cornéen. La tuméfaction de la conjonctive bulbaire avec aspect rouillé ou creux est un signe de présomption, ou mieux de prédisposition ». Elle ne constitue « un signe positif que si les troubles fonctionnels de la stase sont eux-mêmes positifs.

En résumé, on peut, *au point de vue pratique*, considérer la tuméfaction simple de la conjonctive bulbaire comme le signe révélateur de stases cérébrales subaigues ; l'amas graisseux resterait la signature de la stase cérébrale chronique. »

c) Stase respiratoire. — « Les stases subaiguës ne modifient pas la forme de l'appareil respiratoire, ne créent pas de déformation thoracique. Exception doit être faite pour l'épanchement pleurétique. Par contre les stases chroniques (emphysème, asthme, dilatation bronchique) entraînent les déformations thoraciques décrites dans tous les traités classiques ».

c) Stases musculaires. — « Au niveau des membres les *stases sabaiguës* se caractérisent par un affaissement total de la masse musculaire ; nous en trouvons des exemples chez les convalescents de maladies aiguës graves et chez cette catégorie d'adolescents momentanément affaiblis et inaptes au mouvement ; les membres sont réduits à leurs leviers osseux et prennent un aspect véritablement squelettique.

Inversement nous observons des membres déformés et anormalement grossis ; c'est la *stase musculaire* à lente allure, de forme chronique. Au-dessous de chairs sans souplesse ni élasticité, irrégulièrement amassées, gisent des formes musculaires réduites, amincies, sans relief. Dans ces cas, c'est la tuméfaction qui est le principal agent de déformation et dont le processus se cantonne avec prédilection, pour les membres supérieurs dans la région scapulo-humérale et, pour les membres inférieurs, dans la région trachantérienne. On note parfois dans ces deux régions des gâteaux d'un volume invraisemblable.

C'est enfin dans les phénomènes stasiques qu'il faut ranger le développement exagéré de certains groupes musculaires, à l'exclusion du reste de la musculature qui est d'aspect affaissé, chez des individus adonnés à un travail ou à un sport de nature spéciale, et dépourvus de toute aptitude pour le mouvement en général. »

3. — *La stase chez les différents types individuels.*

a) Localisations morbides. — La maladie se présente chez le type franc nettement hiérarchisé, et placé dans les conditions de milieu qui lui conviennent, sous la forme d'état subaigu franc et sa marche est celle dont le schéma a été donné précédemment : choc intense, « hyperexcitabilité réactionnelle immédiate, généralisée à tous les appareils, périphériques et centraux, toutefois hiérarchisée comme les appareils qui la supportent, c'est-à-dire plus saisissable au niveau de l'appareil prédominant..... arrêt de toute communication avec l'ambiance cosmique, engorgement stasique avec dissociation fonctionnelle et affaissement des éléments anatomiques », puis récupération intégrale des forces.

Lorsque les conditions de milieu sont moins favorables et la hiérarchie organique moins nette, il se produit, non plus un choc unique, mais des séries de chocs d'intensité variable engendrant des fonctions « capricieuses » qui elles-mêmes sont l'expression de stases subaiguës incomplètes ; si les conditions de milieu continuent à être défectueuses, on voit se manifester « aux lieu et place des stases subaiguës multiples une *stase chronique* qui se révèle par une double modalité : prédominance du grossissement (graisse et tuméfaction) au niveau de l'appareil qui est le siège de la stase et exagération de l'attraction fonctionnelle de ce même appareil d'une part, généralisation de la tuméfaction à l'organisme tout entier et diminution de l'attraction fonctionnelle des appareils étrangers à la stase d'autre part. »

Tantôt l'individu s'alimente à peine et n'est soutenu que par la dépense d'activité physique, tantôt au contraire toutes les fonctions sont inhibées en dehors de la fonction digestive ; une autre fois la vie tout entière est concentrée dans le cerveau, ou bien encore le sujet, altéré d'air, ne supporte ni le jour ni la nuit les espaces clos.

« Ce processus stasique n'implique pas nécessairement l'action continue d'un milieu défavorable. La même direction évolutive peut persister même lorsque l'individu retrouve le milieu qui lui convient. » Replacé dans les conditions de milieu qui lui sont nécessaires, le Respiratoire absorbe par tous ses pores l'air atmosphérique et acquiert à ce contact des proportions imposantes ; le Digestif demande à la bonne chère la tonification de l'organisme, et voit son abdomen, devenu le siège de la stase, acquérir un développement hypermégalique, etc.

Chez les types variables, le schéma des localisations morbides est différent : « pas de stase subaiguë franche avec ses trois stades bien tranchés ; hyperexcitabilité, arrêt fonctionnel, affaissement des éléments anatomiques, cette stase subaiguë suppose en effet l'adaptation régulière, absente chez les individus du Type plat et du Type rond.

« Un seul mode possible de stase, le mode chronique, caractérisé d'une part par l'engorgement local et sa déformation caractéristique, d'autre part par la tuméfaction générale de l'organisme. »

Les stases cardio-rénales *épisodiques* marquent chez tous les types le point culminant d'un processus morbide qui avant de se manifester dans l'agrégat central a été perceptible au niveau des systèmes périphériques. On les observe surtout chez le plat et le bossué parce que l'excitabilité est assez grande chez eux pour qu'un choc puisse se propager relativement facilement jusqu'à l'agrégat central ; les réactions des appareils périphériques étant chez ces individus hyperexcitables, surtout *morphologiques* (équilibre de la forme et de la fonction rompu surtout aux dépens de la forme), il arrive que les réactions fonctionnelles soient jusqu'à un certain point accaparées par les appareils centraux ; ces stases cardio-rénales épisodiques sont possibles aussi chez le type franc après des chocs nombreux ou d'une intensité exceptionnelle et chez les types cubiques doués d'une excitabilité suffisante ; elles sont très rares chez le type rond uniforme. C'est dire que la gravité du pronostic des albuminuries est en raison inverse de l'excitabilité individuelle.

b) *Trajectoire évolutive*. — « Il arrive un moment où l'enveloppe périphérique perd son pouvoir réactionnel, remplace son hyperexcitabilité par un état d'indifférence physiologique. Alors son rôle de barrière protectrice ne s'exerce plus ou s'exerce insuffisament, de telle sorte que le noyau central perçoit chocs et contacts d'une façon insolite ; rapidement, il devient hyperexcitable à son tour et, *ipso facto*, le siège de déformations analogues à celles qui ont évolué à la périphérie. Ces déformations sont la réaction ultime. Dès qu'elles avortent, c'est la mort.

En fait, le type franc fait des stases subaiguës périphériques jusqu'à un âge très avancé et la possibilité de ces stases est un indice de la persistance de l'excitabilité périphérique, partant, d'un pouvoir d'adaptation qui éloigne toute idée de fin prochaine. Cependant il arrive une heure où cette excitabilité périphérique manque ; au moindre choc, c'est l'hyperexcitabilité centrale, avec la stase cardiaque terminale. Le type plat vit tant qu'il est capable, grâce à son excitabilité périphérique de réagir par des bosses stasiques. Puis, l'hyperexcitabilité périphérique faisant défaut, l'appareil central devient hyperexcitable, fait un ou plusieurs épisodes de distensions stasiques, cardiaques et rénales ; ces stases sont de moins en moins franches à mesure que l'excitabilité diminue, finalement deviennent impossibles, et c'est la mort.

Enfin le type rond finit ou brusquement ou après des épisodes violemment réactionnels : dans un cas, et il s'agit du type rond *uniforme*, apparaît sans cause extérieure un défaut d'attraction pour l'ambiance cosmique, c'est l'appétit qui s'éclipse tout à coup, ce sont les forces qui trahissent la volonté ou c'est l'effacement étrange des attractions affectives. On trouve de l'albumine massive, un cœur arythmique et, au bout de quelques semaines, cette hyperexcitabilité centrale s'épuise et le malade succombe. Dans un autre cas, il s'agit du type cubique, une longue période s'écoule, 10, 15 ou 20 ans, pendant laquelle se déroulent des phénomènes dénonciateurs de stases successivement cérébrales, respiratoires, digestives, musculaires. Depuis longtemps le sujet dont la tuméfaction n'a fait que croître est impropre à toute fonction régulière quand, brusquement apparaît l'hyperexcitabilité cardio-rénale ; et la mort survient dans une épisode de stase cardiaque. »

4. — *Le Déterminisme de la maladie*

Nous possédons maintenant les données qui permettent de reconnaître les prédominances organiques, la modalité de l'irritabilité cellulaire et la formule générale de la réactivité nerveuse, fondement de la psychologie individuelle (aspect du faciès et, en particulier, du globe oculaire). Nous avons, par conséquent, trouvé dans l'œuvre de Sigaud les principaux éléments d'une détermination scientifique du tempérament. Mais nous n'en avons pas fini avec les données de la science désignée par le clinicien lyonnais sous le nom de *physiologie clinique*.

Le médecin, qui connaît sous tous ses aspects *l'individualité de son malade*, ne possède pas encore tous les éléments de son diagnostic. Et ceci parce que *tous les appareils organiques n'ont pas la même valeur absolue.*

L'irritabilité cellulaire étant fonction des milieux extérieurs, on peut, à priori, présumer que les plus favorisés de nos organes seront ceux qui puisent leur énergie dans le contact avec les milieux *telluriques* (l'air et l'aliment) qui sont l'expression des incessantes mutations de la matière cosmique. Infiniment moindre sera l'irritabilité des systèmes *musculaire* et *célébral* dont les excitants spécifiques, le mouvement et l'idée, sont empruntées au milieu *social*, relativement étroit et uniforme.

Ce postulat est confirmé par l'examen des faits.

Si nous considérons la manière dont se comportent les systèmes organiques au cours de l'évolution individuelle, nous verrons que, au début de la vie, les fonctions *célébrale* et *musculaire* sont absolument rudimentaires, la première n'étant représentée que par les interruptions d'un sommeil en lequel s'absorbe la presque totalité de l'existence, la seconde par des mouvements « rares, de courte durée, de faible amplitude ».

Bien que plus importante, l'activité déployée par le tube *digestif* est encore réduite puisque son exercice exige dans les premiers mois un milieu spécial, le lait maternel, et dans les années qui suivent immédiatement le sevrage un milieu encore très différent de celui de l'adulte. Seule, la vie *respiratoire* est complète dès la naissance ; « le jeu de l'appareil broncho-pulmonaire suffit à toutes les modifications de l'ambiance atmosphérique, et l'évolution formative ne se signalera guère que par une endurance grandissante vis-à-vis des chocs atmosphériques ».

La fibre musculaire n'est mise à contribution

qu'au moment où une partie de l'excitabilité originelle est déjà épuisée ; ce n'est en effet que vers l'âge de douze ou quinze ans qu'on voit l'individu rechercher les sports, le travail manuel, le mouvement sous toutes ses formes ; plus tardif encore est le développement du système nerveux qui n'acquiert la plénitude de ses forces qu'à une période déjà avancée de l'évolution. C'est ainsi que la validité respective des divers appareils organiques s'objective dans l'évolution de leur activité, la priorité fonctionnelle des appareils respiratoire et digestif étant à la fois une conséquence et une manifestation de leur supériorité énergétique (1).

(1) Lagrange fait remarquer qu'on rend hommage à cette supériorité en pratiquant la respiration artificielle dans tous les états graves, et constate en outre que cet appareil est le seul qui ne puisse être soustrait, même une minute, au contact de son milieu spécifique ; on peut vivre quelque temps sans manger, sans se mouvoir, sans penser (pendant le sommeil), pas un instant sans respirer. Si nous rapprochons cette constatation du fait établi par Sigaud que *les exigences d'un appareil sont en raison directe de sa vitalité*, nous pourrons l'invoquer en faveur de notre dire.

A l'appui de la même thèse vient encore s'inscrire le fait (prouvé par les registres sur lesquels les tailleurs prennent leurs mesures) que la région de la poitrine est « celle dont l'ampleur continue le plus longtemps à croître après que les autres ont atteint leur volume définitif » (Lagrange) ; cette particularité doit être rapportée à une perfection d'irritabilité assurant la prolongation des aptitudes à la prolifération cellulaire.

La validité énergétique de l'appareil digestif trouve une confirmation dans un fait de même ordre. On a en effet constaté que l'aire gustative subit une régression notable au cours de l'évolution individuelle, qu'elle est par exemple plus considérable chez l'enfant que chez l'adulte (le milieu de la langue et les parois des joues restent sensibles aux odeurs jusque vers dix ou

Ces faits sont, nous dit Sigaud, à la fois curieux et instructifs. Tout d'abord, il est clair que, pour être en harmonie avec le dévoloppement de l'organisme, la vie devrait être surtout végétative, c'est-à-dire respiratoire et digestive pendant l'enfance (1), musculaire à partir du moment où les muscles réclament des excitations, et cérébrale seulement beaucoup plus tard, le fonctionnement cérébral intensif ne devant commencer qu'entre dix-huit ou vingt ans, tant dans le domaine de l'intellectualité que sous le rapport des excitations génitales, puissants facteurs de tonicité nerveuse. Mais nous ne saurions insister ici sur les applications des lois de la morphologie évolutive à l'éducation. Nous les envisageons seulement dans leurs rapports à la pathologie.

Nous avons vu le *coefficient énergétique individuel* commander la *forme des localisations morbides*. C'est le coefficient énergétique *absolu* qui commande le *déterminisme de la maladie* sinon chez le type franc, du moins chez les types variables.

douze ans). Il faut voir dans la précocité des aptitudes de l'appareil gustatif, vestibule de l'appareil digestif, une manifestation de supériorité énergétique et la rapprocher de la différenciation souvent précoce du type digestif.

(1) En principe, disent Chaillou et Mac Auliffe, le rôle du médecin éducateur est de fournir à l'enfant les milieux atmosphérique et digestif les plus parfaits ; Sigaud émet le vœu que les enfants passent à la campagne la période de la vie correspondant à l'âge de formation. Pour qu'il fût réalisable il faudrait créer des établissements pédagogiques dans des régions favorisées sous le rapport du climat et du sol.

Chez ceux-ci en effet, « la maladie est *préparée* par les chocs nerveux dans un cas, musculaires dans l'autre. Ces deux sortes de chocs sont les sources habituelles et principales de l'hyperexcitabilité fonctionnelle de l'organisme. Si nous envisageons, non point les causes *immédiates* de la maladie, mais ses causes lointaines, nous verrons l'ensemble des facteurs pathogéniques se grouper dans une sorte d'ordre hiérarchique. « Au sommet, les chocs nerveux qui se font remarquer par leur fréquence et leur complexité extrêmes ; puis les chocs musculaires, très nombreux, moins nuancés ; enfin les chocs alimentaires et au bas de l'échelle, les chocs respiratoires. Ces deux dernières variétés de chocs sont beaucoup moins fréquentes que ne le laissent supposer les tendances actuelles de la thérapeutique. »

Il semble donc « que la maladie n'ait qu'une voie importante pour pénétrer dans notre organisme, la voie neuro-musculaire », seul le choc qui précède immédiatement l'apparition de l'état subaigu, bien qu'il puisse lui aussi être nerveux, musculaire ou respiratoire « est surtout digestif à cause des écarts alimentaires auxquels la vie sociale expose un grand nombre d'individus. »

« La conclusion pratique est celle-ci : le médecin devra tout d'abord scruter la vie nerveuse et la vie musculaire de son patient, et dans le plus grand nombre de cas, il y découvrira l'origine évidente des troubles morbides auxquels il assiste. »

Nous savons maintenant que l'intervention thérapeutique doit avoir pour base les considérations suivantes :

Rapports *absolus* de validité des divers agrégats cellulaires, rapports *particuliers* qui les unissent les uns aux autres dans chaque individu ; *degré et modalité de l'irritabilté cellulaire*, ces deux derniers facteurs étant envisagés en tant que fonction des milieux cosmiques passés et présents qui ont commandé la genèse de la personnalité. Il nous reste à étudier l'utilisation pratique de ces données.

CHAPITRE XV

THÉRAPEUTIQUE ET PROPHYLAXIE

1. — *L'idéal du clinicien morphologiste*

a) Conception générale de la thérapeutique. — Les considérations que nous venons d'exposer appellent une conception correspondante de la thérapeutique.

Lorsqu'on a vu dans l'organisme humain l'expression de l'ultime différenciation du milieu cosmique, dans les oscillations morphologiques de cet organisme le résultat de ses efforts pour s'adapter à une ambiance défectueuse, dans la morphologie générale et locale, l'expression du faciès, les gestes, les habitudes, les sons fournis à la percussion, les équivalents de *rythmes cellulaires* liés à un degré donné d'irritabilité ; lorsqu'on a étudié les réactions vitales à la lumière du concept d'évolution, mesuré l'élasticité d'un organisme à la franchise de ses manifestations pathologiques ; lorsque des chairs dilatées, des segments vides et accolés, des sons submats, des infiltrations graisseuses vous ont révélé la fragilité relative d'une charpente pourvue d'un revêtement florissant, on ne saurait naturellement se contenter de combattre la fièvre par de la quinine et l'anémie par des toxiques ; l'emploi de la médication pharmaceutique apparaît comme limité « aux maladies aiguës dans lesquelles l'urgence d'une intervention, même harsadeuse, est justifiée par l'imminence du danger » (Lagrange). Dans tous les autres cas, on néglige l'effet pour atteindre la cause et on cherche celle-ci dans la non satisfaction accordée à des besoins inscrits dans la substance protoplasmique et révélateurs des volontés cellulaires.

b) Les éléments du diagnostic. — Le clinicien morphologiste ne se laisse cependant pas égarer par l'immensité des perspectives ainsi entr'ouvertes sur le macrocosme, et que les médecins ne parcourent, si nous en croyons Méphistophèles, « que pour laisser aller toutes choses comme il plaît à Dieu ». Mis en présence d'un malade, il s'efforcera d'établir, à l'aide d'une minutieuse anamnèse et d'un examen objectif approfondi, *l'enchaînement des phénomènes qui ont amené le déséquilibre organique.* Les faits qui jalonnent la vie individuelle seront groupés *suivant leur ordre de succession naturel,* et non d'après les idées suggérées par les théories pathogéniques.

« La recherche des conditions pathogènes exige, nous dit Sigaud, une curiosité en quelque sorte

jamais satisfaite visant l'infinie variété des conditions de vie *individuelles* ; l'observateur doit passer en revue toutes les influences qui conditionnent nos grandes fonctions et suivre les réactions parallèles de l'organisme pendant les phases
principales de l'évolution individuelle ; puis, à
mesure qu'il approche de la phase actuelle, il
doit serrer de plus en plus son enquête, jusqu'à
préciser, si c'est possible, les oscillations de l'organisme au cours des vingt quatre heures ».

L'interrogatoire du malade a pour but de déterminer en premier lieu la « *caractéristique générale* » de l'organisme, c'est-à-dire la forme de sa
trajectoire évolutive et la phase de l'évolution individuelle à laquelle correspondent les manifestations actuelles ; en second lieu sa « *caractéristique réactionnelle présente* », c'est-à-dire les modalités et le déterminisme de sa réceptivité momentanée.

Ainsi étayé d'abord sur les données de l'*enquête évolutive* et de l'*exploration abdominale*, le
diagnostic comporte comme troisième élément
l'étude de la *forme individuelle* et des rythmes
cellulaires auxquels elle est liée.

Nous avons déjà dit qu'au rond uniforme convient un minimum d'effort fonctionnel et une
vie régulière, au plat uniforme et au bossué de
l'activité et des excitations variées ; nous savons
aussi que le gonflement stigmatise l'hypoexcitabilité, le creux l'hyperexcitabilité des appareils

qui en sont le siège ; enfin nous avons enregistré les signes objectifs de l'hyperexcitabilité générale de l'organisme (ce mot étant toujours pris au sens large expliqué plus haut) (1) chez les différents types (2). Mais nous avons réservé pour ce paragraphe la prise en considération des caractéristiques morphologiques dans leurs rapports avec la prophylaxie et la thérapeutique.

Voici par exemple un individu du type *bossué* avec localisation prédominante des bosses à l'appareil pulmonaire. C'est par conséquent un *respiratoire hyperexcitable.*

Avant de se préoccuper de lui fournir une ambiance adéquate à la prédominance, le praticien devra s'efforcer de *diagnostiquer l'excitabilité respective des autres appareils,* puis de doser les excitations de manière à prévenir les paroxysmes d'excitabilité générateurs de la maladie, c'est-à-dire *en ménageant d'autant plus les appareils qu'ils sont plus affaissés.*

En effet, « l'hyperexcitabilité pulmonaire est maintenant absente puisqu'elle s'est épuisée dans la formation de la bosse ; l'intervention médicale doit donc avant tout *être prophylactique à l'égard des bosses futures.* »

C'est seulement lorsqu'on aura régularisé toutes les manifestations de l'hyperexcitabilité

(1) Voir page 224.
(2) Voir pages 211-214.

générale qu'on se préoccupera de fournir à l'individu un milieu atmosphérique qualitativement et quantitativement supérieur.

Chez un individu pourvu de *creux et de méplats* le groupement hiérarchique est plus difficile parce que les *hyperexcitables* (rond et cubique) ont une prédominance organique mal dessinée et une conscience organique obtuse.

Les êtres ainsi conformés ne sont enchaînés à l'ambiance ni par la sûreté d'instinct qui caractérise le type franc, ni par les attractions impérieuses qui contraignent le type plat à prendre un contact souvent excessif avec son milieu spécifique, et rendent son appareil prédominant particulièrement sensible aux défectuosités de l'ambiance. Leur évolution est commandée surtout, et souvent exclusivement, par l'*hérédité* et se traduit par une forme d'activité fonctionnelle plus ou moins *automatique*. En présence de cette anarchie organique, le praticien n'a d'autres critériums de la validité respective des appareils que les creux et méplats qui les sillonnent. *Les appareils les moins déformés sont les meilleurs et les appareils les plus déformés doivent être ménagés même lorsque les troubles révélés par l'anamnèse portent sur des appareils morphologiquement supérieurs.*

Si par exemple un malade porteur d'une gouttière frontale accusée se plaint du ventre, c'est surtout l'appareil cérébral qu'il faut ménager (tout en se préoccupant naturellement des conditions de milieu nécessaires à l'appareil digestif, et celles-ci doivent être établies en respectant dans une grande mesure la *massivité d'excitations* nécessaire aux hypoexcitables).

Chez les *ronds uniformes*, dont l'automatisme fonctionnel est à peu près absolu, le diagnostic de la prédominance devient tout à fait impossible et l'intervention très peu fructueuse.

En résumé ce sont les types *franc*, *plat uniforme* et *bossué* qui offrent un maximum de prise au diagnostic et à la prophylaxie. A l'égard du premier, la tâche de l'hygiéniste est même extrêmement simplifiée par l'aptitude naturelle des malades à rechercher les conditions de milieu nécessaires à leur équilibre.

Cette tâche peut se résumer ainsi : « maintenir le fonctionnement harmonieux de tous les appareils et empêcher ainsi la neutralisation des fonctions secondaires, neutralisation provoquée par la multiplicité des actions stasiques qui partent de l'appareil prédominant ».

D'autres éléments de diagnostic seront fournis par l'examen du faciès, des gestes, etc. L'humidité de la conjonctive par exemple, incitera à restreindre la vie émotive, ses îlots graisseux seront une contre indication au travail intellectuel intensif ; son aspect rouillé et tuméfié impliquera la raréfaction des sensations de toutes catégories. On trouvera dans les gestes puissants du musculaire court l'indication d'excitations motrices plus violentes que fréquemment renouvelées, dans les mouvements brusques et écourtés du musculaire long l'indication opposée. Enfin des prédominances musculaires associées à une agitation peu motivée et stérile (1) créeront au thérapeute l'obligation d'orienter dans un sens déterminé l'activité physique et morale.

A un cérébral et à un respiratoire à réactions rapides, on devra fournir des excitations intellectuelles et atmosphériques variées et renouvelées ; si la réaction est lente il faudra une atmosphère abondante et pure, une occupation exigeant la concentration des facultés sur le même objet.

c). — *Les limites de l'intervention clinique.* — Une fois en possession de son diagnostic, le médecin morphologiste ne dirige pas ses efforts vers l'atteinte d'un idéal théorique. Il sait que l'intervention thérapeutique la plus rationnelle ne peut assurer au malade que la formule physiopathologique apportée par les caractéristiques constitutionnelles et les conditions de milieu qui ont présidé à la formation et à l'évolution jusqu'à la phase actuelle. Par conséquent, après avoir étudié la maladie « *en quelque sorte à l'état*

---

(1) La prédominance musculaire est perceptible aussi à l'exploration externe. Les gros signes enregistrables à la palpation superficielle et profonde prennent en effet un maximum d'intensité et de netteté chez le musculaire, parce que chez les autres types le travail de relèvement a son siège ailleurs que dans les plans musculaires.

de pureté », c'est-à-dire en éliminant les influences thérapeutiques qui dénaturent la marche du processus, il respectera les troubles fonctionnels par lesquels se manifeste l'hyperexcitabilité cellulaire *dans les limites où ces troubles correspondent à l'accomplissement régulier de la trajectaire évolutive.*

En face d'un sujet prédisposé à la dégénérescence graisseuse, il dira par exemple : « cet individu fait de la graisse de *façon modérée,* donc il est dans le milieu qui lui convient ; il fait une *poussée* graisseuse, donc le milieu est défectueux par quelque côté et amène un redoublement de l'effort physiologique habituel ; enfin il *maigrit,* donc il a subi un traumatisme et manifeste son inertie fonctionnelle par une fonte rapide de sa substance graisseuse ». De même la tendance à la dilatation ou à la rétraction, la douleur physique ou morale ne seront combattues que dans la mesure où elles cesseront d'être la manifestation obligée d'un processus commandé par l'expression du tempérament. Il peut y avoir, par exemple, des inconvénients à réprimer fortement les réactions du système sensitif chez un sensible qui puise de la volupté dans la souffrance, et se trouverait privé par les entraves apportées à l'activité de son système prédominant d'un mode de défense et de compensation. Par contre, la douleur devra attirer l'attention du médecin et être soigneusement étudiée et combattue chez un type non sensitif, parce qu'il s'agit dans ce cas d'une réaction anormale impliquant une perturbation fonctionnelle accentuée.

De plus, l'amplitude de l'initiative thérapeutique doit être, comme il a déjà été dit, *en raison inverse de l'usure évolutive*. Presque nulle à la période de déclin confirmé, elle devient un peu moins limitée au début du déclin, s'élargit dans de très grandes proportions à la période de résistance, et acquiert son maximum pendant la période de formation.

S'il s'agit d'un être jeune, le médecin devra avant tout se préoccuper de *différencier nettement son individualité* en lui fournissant le milieu correspondant à ses prédominances organiques et fonctionnelles. Chez les adultes, il doit savoir retrouver les instincts là ou l'indifférence physiologique, les erreurs d'hygiène, les perversions de goût ou l'ambition les ont étouffés ; ce sera tantôt un Digestif auquel il aura suffi pour le guérir d'ordonner un petit déjeuner du matin plus substantiel, tantôt un Musculaire qui recouvrera son équilibre fonctionnel sous l'influence du repos ou de l'exercice ; le médecin devra se souvenir que la constatation d'une prédominance cérébrale chez un être jeune commande moins la prescription d'une grande activité intellectuelle qu'une étroite surveillance des réactions encéphaliques.

2. — *Hygiène et thérapeutique digestives.*

a) La diététique. — **Toutes ces considérations restent applicables sans restriction aucune lorsque l'agrégat considéré est l'appareil gastro intestinal. A** *l'accélération du travail fonctionnel* **stigmatisée par la rétraction cellulaire devront correspondre des** *excitations alimentaires légères et fréquentes ;* **le** *ralentissement fonctionnel* **qui s'objective dans la** *dilatation des segments* **appellera des excitations alimentaires** *massives et rares ;* **enfin la** *dissociation fonctionnelle* **(distension de la fibre gastrique et tension de la fibre cœcale ou vice-versa) commande une** *diète liquide* **qui permette à l'organisme de se ressaisir sans être entravé dans son travail de relèvement.**

Ce dernier régime est celui qui se rapporte à tous les *états subaigus digestifs.*

« Le tube digestif frappé d'arrêt subaigu se ressaisit d'autant plus aisément que l'aliment n'en utilise que juste les forces propres mises successivement en disponibilité par le seul fait de l'évolution de la maladie ».

On distinguera donc dans l'état subaigu digestif quatre étapes correspondant aux quatres modes suivants d'alimentation : l'alimentation *liquide* **administrée d'heure en heure, l'alimentation** *semi-liquide* **administrée toutes les deux heures, l'alimentation** *semi-solide* **administrée à intervalles**

un peu plus longs, et enfin la reprise de *l'alimentation habituelle*.

Dans les états subaigus moins francs, et dans les
états chroniques, le régime alimentaire doit varier
avec la *morphologie abdominale*.

« Tant que le tube digestif *garde sa forme ou ne
subit que des variations morphologiques lentes*, l'aliment *organisé* (cellule animale surtout et cellule
végétale accessoirement) doit avoir une place prépondérante dans l'alimentation. Cependant la
constance relative de la variabilité des sons fournis à la percussion stigmatise une hyperexcitabilité digestive qui transforme en *choc* l'excitation
apportée par l'aliment solide fortement organisé.
Dans ce cas, l'aliment solide faiblement organisé,
comme le végétal, est bien toléré et recherché de
préférence. C'est cette catégorie d'individus qui
fournit ses adeptes à la théorie végétarienne ».

Envisagée dans ses rapports avec le *tempérament* individuel, la diététique alimentaire est commandée par les règles suivantes : éviter la surcharge alimentaire et les aliments émollients pour
les tubes digestifs hyperexcitables, qui réclament
une masse réduite et des propriétés alimentaires
légèrement irritantes ; éviter pour les mêmes appareils le contact de *l'air humide*. Rechercher au
contraire un léger degré de surcharge alimentaire et des aliments relativement émollients pour
les tubes digestifs hypoexcitables, qui répudient
les excitations vives. Dans les cas pathologiques,

il peut y avoir avantage à procurer à ces appareils un air mou, humide et de faible pression.

b) La sangle hypogastrique. — Avant de clore le chapitre de la thérapeutique digestive, il faut dire deux mots d'un moyen curatif « dont la puissance d'action n'a d'égale que la fréquence des ses indications » : c'est la *sangle hypogastrique.*

La sangle, imaginée par Glénard, avait été appliquée par ce clinicien à la cure des « ptoses » ou chutes d'organes abdominaux. Sigaud lui donne une autre application. Elle doit, selon lui, parer à la *sensibilité* créée par le prolapsus viscéral. Son emploi n'est donc pas nécessairement lié à un déplacement d'organe. Il se rapporte à la *diminution de la tonicité abdominale* qui est, nous le savons, à l'origine de tous les déséquilibres digestifs. Le médecin trouve l'indication du port de la sangle ou ceinture abdominale (qui, chez les femmes, peut souvent être remplacée par un corset construit de manière à soutenir l'abdomen), dans l'épreuve que Glénard a appelée l'*épreuve de la sangle* (1).

3. — *Les fondements théoriques de la thérapeutique morphologique*

a) Rôle des points de vue synthétiques et des idées directrices dans les théories biologiques.

(1) Voir Sigaud. *Traité clinique de la Digestion*, T. II, page 306.

Nous avons à dessein retracé dans ses grandes lignes la thérapeutique de Sigaud avant d'en enregistrer les principes fondamentaux, car nous espérons que ceux-ci se seront dégagés de l'exposé des faits.

Le lecteur qui a pénétré l'esprit de l'œuvre résumée dans cette étude aura de prime abord compris qu'une thérapeutique doit, pour être rationnelle, s'étayer sur la notion d'*excitation*, parce que cette notion est la seule qui ne dépasse pas l'expérience, c'est-à-dire qui *embrasse sans le dépasser ni l'amoindrir le contenu de l'observation*.

Que savons-nous, par exemple, des dissociations moléculaires qui s'opèrent dans les profondeurs organiques ? Que devient la valeur des théories fondées sur la considération de la composition chimique des aliments en face des transmutations de substance réalisées par une cellule qui fabrique du sucre avec toutes les variétés d'aliments, puise les éléments des sels de chaux contenus dans les os dans un sérum qui est surtout riche en sels de soude, en un mot fabrique de toutes pièces les principes immédiats qui lui sont nécessaires ?

Un écrivain a rendu hommage à la transcendance du chimisme biologique en disant que l'estomac, comme le cœur, « obéit à des raisons que la raison ne connaît pas ». S'il en est ainsi, n'est-ce pas parce que la Raison ici invoquée a quelque peu usurpé son titre ? La notion d'excitation permet de substituer à la phrase que nous venons de citer une formule beaucoup moins décourageante (puisqu'elle étend dans des proportions immenses les régions du domaine de la diététique accessibles au savoir humain) et qui est la suivante : « l'estomac a des raisons que la *chimie* ne connaît pas ».

Ce serait un beau prétexte à philosopher que cette simple substitution de vocable. Nous n'en abuserons pas. Nous lui demanderons seulement l'apport ou la confirmation de cette notion que dans le domaine de l'hygiène et de la médecine, on a d'autant plus de chances d'atteindre la vérité qu'on la cherche dans des conceptions plus synthétiques (1).

b) La notion d'excitation et la diététique. — « L'excitation fournie par l'aliment apparaît, nous dit Sigaud, comme la condition essentielle de la vie normale du segment digestif, en dehors

(1) Ces considérations sont d'ailleurs valables pour toutes les sciences, parce la méthodologie est une.

« En face d'un demi désordre, dit par exemple Poincaré, nous devions désespérer (de rapporter à des lois le déterminisme des phénomènes) mais dans le désordre extrême... c'est à « l'étude de l'ordre moyen » que « l'esprit peut se reprendre », Sans doute, le clinicien n'a que faire de la considération des moyennes. Mais s'il est vrai qu'aucun désordre ne peut être plus grand que celui dans lequel s'effectuent par rapport à l'humaine science les échanges cellulaires, il doit, comme le physicien curieux des mouvements intestins de la matière, s'attacher avant tout aux aspects d'ensemble : les oscillations morphologiques d'un organisme sont pour lui, par exemple, ce que sont pour le physicien les variations de tension d'une masse liquide ou gazeuse. Cf. page 40 la citation de Bordeu.

même de l'apport des molécules nutritives rénovatrices ; l'aliment fait partie intégrante du segment, au même titre que l'air, par exemple, et c'est à son contact que la paroi renouvelle en quelque sorte sa provision d'*irritabilité*, de *vitalité* ».

A un examen superficiel, cet aspect de l'acte digestif paraît n'avoir qu'un intérêt philosophique ; mieux envisagé, il implique cette conclusion : *La cellule trouve ses principes constitutifs dans tout aliment capable d'assurer 'en tant qu'excitant l'intégrité de son fonctionnement.* Et c'est là une conception qui renouvelle entièrement les fondements de la diététique.

En effet, si nous envisageons l'aliment avant tout comme agent d'excitations, nous devrons nous préoccuper en premier lieu de ses qualités *excito-motrices*, c'est-à-dire des impulsions apportées à l'appareil digestif par la *densité de la masse ingérée* et ses *propriétés physiques* (irritantes ou émollientes). L'appareil gastro-intestinal est une machine vivante qui, lorsqu'elle reçoit les excitations adéquates à sa réceptivité du moment, *s'adapte exactement à son contenu*, et qui, dans le cas contraire, n'adhère plus à ce contenu que par une surface d'autant plus limitée que l'adaptation est plus imparfaite. Or, *les rapports du contenant au contenu commandent la diététique* et la manière la plus simple de s'en convaincre, c'est d'absorber, après les avoir réduits en fine bouillie, des aliments destinés à être ingérés sous la forme solide. Dans ces conditions, la sensation de faim ne sera apaisée que pour un temps extrêmement limité (1).

Ceci fait comprendre l'importance du rôle joué par le facteur *temps* dans la diététique. L'estomac dont l'excitabilité est rapidement épuisée réclame les contacts fréquents d'une masse proportionnellement réduite. Celui qui est d'excitabilité obtuse ne vibrera normalement qu'au contact d'une masse relativement considérable et l'on devra attendre que les énergies ainsi éveillées soient épuisées pour les solliciter à nouveau.

C'est ainsi par exemple que l'alimentation classique de la seconde enfance comporte des repas trop copieux et trop rares. L'irritabilité cellulaire étant très vite épuisée chez l'enfant, a besoin de se renouveler fréquemment au contact des milieux telluriques ; d'autre part les excitations trop massives font sur l'organisme infantile l'effet d'un choc matériel, qui se manifeste morphologiquement par la distension des membranes, l'aplatissement puis l'incurvation de l'abdomen, etc.

Le sevrage trop tardif, la valeur attribuée au

(1) De là le sort des théories de l'américain Fletcher, qui recommandait à ses concitoyens « de manger avec une grande lenteur, dans le but de bien utiliser les substances alimentaires et de parer aux inconvénients des putréfactions intestinales. » La réponse fut l'apparition d'une « maladie occasionnée par l'habitude de manger trop lentement », la « bradyphagie », qu'un autre médecin guérit en ordonnant aux malades de manger plus vite (Metchnikoff. *Essais optimistes*, p. 208).

lait dans l'alimentation de l'enfant et de l'adulte, sont des erreurs de même ordre, c'est-à-dire rapportables à la méconnaissance de l'*idéal diététique* qui est *l'adaptation du contenant au contenu*. Le lait convient au nourrisson, et, en dehors de quelques cas particuliers, seulement au nourrisson ; ce n'est, nous dit Sigaud « qu'un fil qui rattache l'enfant à sa mère ; il faut couper ce fil de bonne heure, sinon l'enfant reste faible et l'autonomie digestive est entravée ou retardée ».

« Contrairement à l'opinion générale, disent aussi Chaillou et Mac Auliffe, nous sommes persuadés qu'une bouillie légère est souvent utile à l'enfant, même élevé au sein, dès l'âge de sept à neuf mois. Le premier œuf doit être donné vers dix-huit mois, la première viande beaucoup plus tard, suivant les besoins et les aptitudes de l'enfant.

Ces trois étapes de l'alimentation, première bouillie, premier œuf, première viande, doivent être étudiées avec soin par le médecin. »

Il faut encore faire figurer parmi les principes d'une diététique rationnelle l'obligation de s'alimenter le matin (*avant tout travail*), alors que l'appareil digestif, en possession d'une plénitude de réceptivité assurée par le repos de la nuit, a besoin de renouveler ses provisions de forces, et l'obligation correspondante d'alléger le repas du soir pour le rendre adéquat aux aptitudes fonctionnelles d'un organisme fatigué par le travail de la journée.

Les qualités excitantes ou émollientes de l'alimentation jouent dans le mécanisme de la digestion un rôle analogue à celui de la densité ; elles sont, comme elle, l'aiguillon sous lequel les segments gastrique et intestinal entrent en activité. Les degrés d'acuité de cet aiguillon peuvent être ramenés à trois, fournis respectivement par les excitants *vifs*, les excitants *ordinaires* et les *émollients*. Parmi les excitants *vifs*, on citera le vin vieux, le café, les viandes rouges et, exceptionnellement, les condiments et les spiritueux ; parmi les excitants *ordinaires*, les viandes jeunes ou très cuites, les légumes, les œufs ; parmi les excitants *lents*, les pâtes, les purées, les féculents, les boissons aqueuses.

c) La notion d'excitation dans les théories pathogéniques. — La conception de la diététique que nous venons d'exposer a une répercussion importante sur la pathologie.

La subordination des échanges organiques à la dynamique digestive se manifeste en effet avec une nétteté particulière dans certains phénomènes physiologiques et pathologiques, tels que la diurèse, la glycosurie, l'albuminurie.

L'abondance de la diurèse, celle du sucre et de l'albumine contenus dans les urines, ne sont pas toujours en rapport avec les quantités de liquide, de sucre et d'albuminoïdes ingérérés : elles sont

secondaires au degré de perfection que présentent : 1° l'*ambiance générale*, c'est-à-dire le genre
de vie du malade par rapport aux *besoins momentanés de l'organisme* ; 2° le *milieu alimentaire* par
rapport aux *besoins momentanés du tube digestif*.

En ce qui concerne *l'ambiance générale*, les prescriptions doivent avoir pour point de départ la
considération des causes qui ont présidé à la genèse de la manifestation pathologique. Si l'hyperexcitabilité est dûe à la tension du système nerveux, le retour de l'équilibre fonctionnel sera
assuré par la diminution des excitations cérébrales ; si c'est l'appareil musculaire qui a été sur-
mené, la guérison devra être demandée au repos
physique.

Les indications relatives à *l'ambiance alimentaire*
seront naturellement fournies par *l'exploration
abdominale*. Si le tube digestif réclame une alimentation solide, le médecin cherchera en vain,
par exemple, à augmenter la diurèse par l'ordon-
nance de boissons abondantes. Le but poursuivi
ne sera atteint que quand l'alimentation aura la
modalité excito-motrice indiquée par la tension
des segments gastro-intestinaux.

En résumé, — et c'est là la conclusion la plus
générale de l'œuvre de Sigaud — une *manifestation
pathologique est dépourvue de signification lorsqu'on
la considère en elle-même* : son *pronostic* et *l'intervention thérapeutique* qu'elle réclame varient avec
son *étiologie* et celle-ci à son tour est commandée

par la *validité constitutionnelle et absolue des divers appareils organiques* et les *dépenses énergétiques accomplies par chacun d'eux au moment considéré*.

La complexité des conditions présidant à la genèse de l'albuminurie est souvent démontrée par les variations quantitatives des résidus fournis dans une journée par un même individu. Ces variations, qui vont du « nuage opalin, tardif, presque imperceptible » au « précipité immédiat et au massif » prouvent que le taux de l'albumine ne se rapporte pas, comme on l'écrit souvent, à des formes cliniques de la maladie, mais aux *oscillations ondulatoires et périodiques des rythmes cellulaires individuels*, et elles nous montrent que, pour cette maladie comme pour toutes les autres, la thérapeutique doit varier avec la modalité des réactions organiques.

Le régime lacté, par exemple, ne diminue quelque temps l'hyperexcitabilité rénale et digestive que dans les cas d'albuminurie aiguë avec oscillations accusées et réactivité encore vive des appareils périphériques. Il entraîne une aggravation et précipite le dénouement fatal dans les cas d'obtusité consécutive à l'épuisement organique.

CINQUIÈME PARTIE

L'œuvre de Sigaud et L'Évolution
de la Philosophie Scientifique

CHAPITRE XVI.

Des rapports de la physiologie clinique
a quelques idées générales

1. — *La physiologie clinique et le point de vue dynamique*

Il nous reste, pour avoir rempli le programme que nous nous sommes proposé en écrivant cette étude, et qui est, ainsi qu'il a été dit, de préciser la place occupée par la morphologie humaine et son succédané la *physiologie clinique* dans l'évolution de la science et de la philosophie, à montrer par quels côtés l'œuvre de Sigaud s'harmonise aux idées générales actuellement admises et par quels côtés elle se trouve en opposition avec elles.

Nous avons d'ailleurs déjà satisfait partiellement

à ce *desideratum* en montrant que cette œuvre est donnée par les notions *d'équilibre, d'évolution, d'excitation.* La dynamique règne en effet aujourd'hui aussi bien sur les sciences biologiques que sur les sciences physico-chimiques. Une science nouvelle, la chimie physique, nous montre les espèces chimiques soumises, comme les organismes vivants, aux lois de l'évolution ; nous voyons les propriétés des corps varier avec les facteurs du milieu ambiant dans lequel ils sont placés, et la matière ne nous apparaît plus que « comme un état d'équilibre entre les forces internes dont elle est le siège et les forces externes qui l'enveloppent » (G. Le Bon).

Ces points de vue sont, comme il a été dit à propos de Lamarck, appliqués à l'étude des phénomènes vitaux.

On commence à s'apercevoir que l'étude de la forme et celle de la fonction ont été jusqu'ici isolées l'une de l'autre, de telle sorte que l'on donne le nom de morphologie à une science toute statique et analytique (1). » Dans le domaine de la

(1) Voir entre autres :

HOUSSAY : *La Morphologie dynamique.*
 L'Abstraction dans les sciences naturelles. Rev. des Idées, n° 24.

GLEY : *Les Sciences biologiques et la Biologie générale.* Rev. scientifique 2 janvier 1909.

BOHN : *La Biologie générale et la Psychologie comparée.* Rev. scientifique 23 mars 1912.

GRASSET : *La Médecine vitaliste et la Physiopathologie clinique.* Rev. scientifique, 20 mars 1909.

LE DANTEC, article *Physiologie*, dans : *De la Méthode dans les sciences.*

biologie générale, des penseurs comme *Le Dantec* et *Houssay* rendent un incessant hommage à la continuité cosmique qui commande l'interdépendance de l'être et des milieux. Le premier oppose à la conception de l'unité individuelle le complexe A $\times$ B, dans lequel B représente le milieu, et nous met en garde contre « l'erreur individualiste. » Le second donne à la même conception des développements qui ont été justement qualifiés de poétiques parce que, tout en gardant la rigueur conférée par l'origine expérimentale, ils nous entraînent, de l'aveu de l'auteur, dans cet univers « cher aux vieux maîtres de l'Inde », où la vie et la substance se résolvent en un écoulement ininterrompu.

Nous parlons couramment, nous dit en substance M. Houssay, d'un chien ou d'un chêne. Or, « il n'y a pas de chien » et pas davantage de chêne ni aucun des objets auxquels nos sens confèrent une individualité finie, circonscrite par une forme extérieure. Ce sont là notions « aussi abstraites qu'un plan ou qu'un triangle. » La preuve, c'est que si nous enlevons à un chien sa nourriture quotidienne, qui, elle même, n'est qu'un produit des activités cosmiques et humaines, vous verrez s'altérer d'abord, puis disparaître ces formes en lesquelles il est impossible de reconnaître aujourd'hui ce qu'elles étaient chez l'embryon, et qui sont différentes aussi dans un point du globe de ce qu'elles seraient en un autre point, parce qu'elles n'existent qu'en fonction de l'espace et du temps.

Le biologiste doit, par conséquent, s'efforcer d'atteindre à travers l'enveloppe fictive la réalité mouvante et complexe, de retrouver dans un être vivant donné « l'histoire d'un changement de formes aussi illimité que le temps écoulé depuis l'origine du monde. »

Nous nous sommes efforcés de montrer tout ce qui dans l'œuvre de Sigaud répond à ce desideratum. L'être humain envisagé comme un prolongement des milieux cosmiques, la lumière projetée par le concept d'évolution sur les déterminismes pathologiques, la prise en considération des rythmes vitaux, la loi de synergie fonctionnelle, tous ces points de vue sont une contribution à cette étude dynamique du monde, en laquelle doit, si nous en croyons M. Houssay, se réaliser un jour l'unité de la science.

Au surplus, ce n'est pas seulement l'amour désintéressé de la vérité qui pousse les savants dans cette voie. Sans doute, il est beau de voir s'évanouir les contours des choses sous l'étreinte de la pensée, de contempler avec l'œil de l'esprit les tourbillons inaccessibles au regard braqué sur le plus puissant microscope, mais ces conquêtes seraient cependant moins émouvantes si la biologie appliquée ne devait en bénéficier. Ceux qui demandent aux conceptions objectives des enseignements applicables à la direction de la vie repoussent surtout la biologie statique parce qu'elle est incapable d'éclairer « aucune des notions fondamentales de la physiologie. » La pathologie cellulaire n'a abouti, nous dit-on, « malgré le génie de Wirchow, qu'à un échec assez lamentable » (Ch. Richet).

La réaction se manifeste par des efforts pour ramener les phénomènes pathologiques à des modifications d'équilibre.

Les biologistes cherchent le secret de l'action des sérums dans des mouvements rythmiques analogues à ceux qui produisent la lumière et l'électricité et expriment l'espoir que les phénomènes vitaux pourront un jour être racontés dans un langage qui substituera « à la rigidité des formules chimiques... la malléabilité des états physiques » (Le Dantec).

Or, l'œuvre que nous venons d'étudier constitue un pas important dans cette voie.

Sigaud a, il est vrai, négligé systématiquement l'étude des réactions immédiates de l'organisme humain aux agents infectieux, mais sa pathologie et sa thérapeutique s'étayent uniquement sur les rapports de *l'action* (exercée par le milieu) à la *réaction* (exercée par la cellule). Lorsque celles-ci sont *égales*, la morphologie est *invariable* ; lorsque la *réaction est disproportionnée à l'action*, il y a *dilatation* ou *rétraction* cellulaire, enfin la forme *s'écroule* lorsque la réaction est *absente ou irrégulière*.

La vie est envisagée par le clinicien lyonnais comme la résultante des affinités s'exerçant entre l'être et le milieu d'une part, entre les divers éléments des agrégats cellulaires d'autre part. Les trois lois de l'évolution individuelle de l'homme, la loi des *milieux*, expression des relations de continuité existant entre l'être et l'ambiance, la loi de *synergie fonctionnelle*, expression des relations de continuité existant entre les divers types cellulaires, et loi des *prédominances organiques*, expression des relations d'équivalence existant entre la dissymétrie cosmique et la dissymétrie organique, sont trois manifestations particulières des interactions par lesquelles s'exprime *l'aspiration à l'équilibre* qui est à l'origine du monde et de la vie.

Les lois présidant à l'enchaînement des phases de l'évolution individuelle et les rapports existant entre la durée et la forme de ces phases et le degré d'irritabilité constitutive, nous montrent comment la poursuite de cet équilibre se réalise dans le *temps* ; les lois relatives à l'adaptation qualitative et quantitative de l'excitation à la réceptivité organique nous initient à son conditionnement dans *l'espace*. Enfin, c'est encore faire un implicite et suprême appel à l'équilibre que de fonder, comme le font Sigaud et Giovanni, la pathologie, l'hygiène et la thérapeutique sur la prise en considération de *l'autorégulation des processus vitaux*, puisque la *nature médicatrice* des anciens n'est, comme le fait remarquer M. Le Dantec, que la manifestation, dans le domaine particulier de la biologie, de la loi établie par Le Châtelier, qui fait de la modification apportée aux conditions d'un équilibre la source d'une modification antagoniste de la première.

2. — *La physiologie clinique et la recherche de l'unité fonctionnelle*

Une des manifestations de l'orientation nouvelle apportée à la biologie est la recherche de « l'unité fonctionnelle. » (Grasset).

Lorsque la considération du *trouble fonctionnel*, phénomène *dynamique*, s'est substituée dans leur esprit à celle de la *lésion*, manifestation *statique*, les biologistes ont été amenés à faire du concept de *fonction* le point de départ de leurs investigations.

Mais qu'est-ce qu'une fonction, sinon un ensemble d'abstractions? On conclut de la sécrétion de la bile et du glycose à l'existence de fonctions biliaire et glycogénique, de la résistance de l'organisme aux agents infectieux à une fonction « antitoxique » (Grasset), etc., etc. Et à ces fonctions, dont le nombre varie avec l'état des connaissances physiologiques, on est naturellement contraint de donner pour support un organe qui n'est *défini que par la fonction qu'il ac-*

complit (Le Dantec). *En un mot, c'est l'unité de la fonction qui fait l'unité de l'appareil* (Grasset).

« La plupart des organes sont, nous dit-on, doués de fonctions multiples, parmi lesquelles la maladie opère souvent des dissociations plus subtiles que ne peut le faire l'instrument du physiologiste. C'est le rôle du médecin, de discerner dans chaque cas particulier, quelle est la fonction atteinte et jusqu'où est poussée son altération.

Nous savons à quels signes reconnaître la viciation des fonctions thyroïdienne, surrénale, hypophysaire ; nous voyons dans le diabète une maladie des fonctions de production ou d'utilisation du glycose ; dans les bradycardies, un trouble de conduction cardiaque ; dans les dyspepsies, un trouble de sécrétion ou de motricité gastrique » (Vidal).

Nous avons montré que la morphologie humaine rend hommage à la légitimité de ce point de vue en substituant la considération de l'*unité fonctionnelle* à celle des unités *histologique* et *cellulaire*. Cependant, si l'on prétend donner une idée exacte de l'esprit dans lequel est conçue l'œuvre de Sigaud, il est nécessaire de dire qu'elle est l'expression d'une réaction aux tendances à appliquer à la clinique des données *purement déductives.* « Chercher la lumière là où elle est, dit-il, et non là où notre raisonnement la suppose, telle est la règle fondamentale de toute observation positive.

L'objectivité des faits est à mettre en opposition avec la prépondérance physiologique des appareils organiques : tel appareil joue un rôle considérable dans l'économie animale, mais il est sans *objectivité* pour nos sens ; *ipso facto*, il passe à un rang secondaire pour l'observateur qui doit porter ailleurs ses efforts d'analyse » (1).

Le souci d'élever l'observation directe à la hauteur de raison suffisante et d'exclure l'hypothèse du domaine de la clinique doit être considéré comme la source première de l'œuvre que nous venons d'étudier. Il a présidé à la genèse du procédé dit : *exploration externe du tube digestif* et des théories diététiques qui s'y rattachent. Celles-ci à leur tour ont amené la découverte des lois fondamentales de la *morphologie humaine*. La méthodologie de Sigaud, que d'aucuns trouveront restrictive et inhibitoire, se montre donc par ailleurs d'une admirable fécondité. Mais la science qu'elle a engendrée n'est encore constituée que dans ses grandes lignes ; de plus elle n'est pas vulgarisée dans une mesure suffisante pour pouvoir dès maintenant être située à son rang dans l'échelle des valeurs créatrices de progrès. Ce sera la tâche de l'avenir. Au présent revient la mise en lumière des bénéfices et des

____

(1) Cf. page 76 la citation de Lamarck.

dangers attachés aux points de vue qui commandent l'orientation actuelle de la pensée. Il nous reste, pour avoir rempli ce programme en ce qui concerne l'œuvre que nous étudions, à envisager dans leurs rapports avec la physiologie clinique les notions de *prédominance physiologique*, de *corrélations fonctionnelles* et de *spécificité morbide*.

3. — *La physiologie clinique et l'idée de hiérarchie physiologique*

a) *Incertitude des connaissances relatives à l'importance des fonctions*. — Il est évident que, parmi les rouages de la machine humaine, il en est de plus importants que les autres. Mais combien fragile cette échelle hiérarchique ! Hier, c'était l'estomac qui était investi du gouvernement suprême, aujourd'hui, c'est le système nerveux, demain, ce sera le système glandulaire. Et quelque jour on découvrira un appareil jusqu'ici négligé, peut-être même ignoré, qui viendra, à son tour, revendiquer ses droits. Par conséquent, toute idée de *subordination*, de prépondérance hiérarchique, doit être considérée comme dangereuse dans ses applications à la médecine clinique.

Si, comme nous l'avons vu, on peut, abstraction faite du taux individuel créé par l'hérédité, attribuer à deux de nos appareils périphériques un coefficient énergétique moindre qu'aux deux autres, et par conséquent une part prépondérante dans la genèse des processus morbides, c'est seulement après avoir, comme le disaient Hippocrate et son interprète Platon, « étudié la nature de l'ensemble des choses. » En isolant les agrégats dans l'espace pour les considérer en eux-mêmes, à un point de vue uniquement téléologique, on risque de perdre de vue, dans une mesure plus ou moins grande, l'action directe à exercer sur les fonctions considérées comme subordonnées, de méconnaître la généralisation des actions locales, et d'établir entre des effets *concommitants* des relations de *causalité*, qui elles mêmes sont des facteurs d'interventions arbitraires.

b) Rôle du système nerveux dans les théories pathogéniques. — L'idée de suprématie fonctionnelle peut être aussi néfaste lorsqu'on l'applique au système nerveux que lorsqu'elle est évoquée par des agrégats plus localisés.

Que l'innervation soit considérée par les physiologistes modernes comme « la plus générale et la plus dominatrice de toutes les fonctions » cela est légitime. L'espoir de trouver « dans les variations du système nerveux les *causes* (1) de différences dans le reste de l'organisme, dans

____

(1) C'est nous qui soulignons.

l'ensemble de l'économie et jusque dans le caractère psychologique » (Manouvrier) est beaucoup plus hasardeux, et il est permis de se demander si on ne dépasse pas tout à fait l'expérience en conférant au système nerveux le rôle qui lui est aujourd'hui attribué.

Dans le domaine pathogénique, par exemple, la *théorie nerveuse* amène à rendre un seul appareil responsable des défaillances de la communauté, à expliquer l'analogie de quelques-unes des manifestations de la fatigue musculaire, de la fatigue intellectuelle et des secousses morales par « un même trouble fondamental des fonctions de l'innervation » (Lagrange). Appliquée à la physiologie et à la psychologie, elle autorise des penseurs contemporains à estimer avec Cuvier que le « système nerveux est au fond tout l'animal, les autres systèmes n'étant là que pour le servir ». Quant au rôle de l' « influx nerveux » dans les théories pathogéniques, les pathologistes eux-mêmes avouent son analogie avec celui des « flux » et « matières peccantes » invoqués par les anciens humoristes (1).

« Rechercher et placer dans la réaction *exclusive* d'un appareil, fut-il très prédominant, la raison et la localisation d'un trouble morbide est,

____

(1) « Réserve faite de la part qui revient au système nerveux, à ses forces, influx, à ses ondes, mobiles elles aussi, à la manière d'une humeur, la méthode suivie par les premiers humoristes était irréprochable. » (A, Delpeuch).

nous dit Sigaud, contraire aux données à la fois de l'anatomie et de la physiologie » ; en outre, c'est « transporter dans le domaine de la nature les lacunes et les insuffisances de nos sens que prétendre que telle excitation emprunte telle voie pour aboutir à un point donné ».

Il faut se contenter, avec M. Le Dantec, de rapprocher les rapports de la continuité dûe aux relations de contact des éléments cellulaires à la continuité créée par le réseau nerveux, de ceux de la télégraphie sans fil à la télépraphie ordinaire, et d'estimer, par conséquent, que « à partir du moment où, au cours du développement individuel un élément histologique a été pénétré par un cylindre-axe, l'importance des relations de voisinage de cet élément devient moindre pour lui que celle des ordres qu'il reçoit des centres nerveux »(1).

(1) La prolifération des cellules can.. reuses, dit par exemple ce biologiste, peut avoir pour cause une irritation locale qui aurait elle-même engendré, d'abord l'arrivée au sein des cellules d'une trop grande quantité d'influx nerveux, sous l'influence duquel elles ont fonctionné sur un rythme spécial, puis l'habitude de ce fonctionnement atypique. Cette habitude devient en s'inscrivant dans la substance cellulaire un « caractère acquis », analogue dans sa genèse et dans son essence à ceux que fixe l'hérédité et permet à l'agrégat au sein duquel il s'est manifesté d'avoir une évolution personnelle indépendante de celle de l'organisme. Or, le « *caractère acquis* » invoqué par M. Le Dantec n'est pas très différent de *l'automatisme fonctionnel* qui, dans l'œuvre de Sigaud, *soustrait le rythme cellulaire aux influences extérieures.* On pourrait rattacher l'un à l'autre ces deux points de vue en supposant que dans le cas du cancer une excitation locale a exalté l'hypertonie constitutionnelle.

4. — *La physiologie clinique et la notion de corrélations fonctionnelles.*

Ces réserves faites nous ne méconnaîtrons ni l'importance du système nerveux dans les processus pathologiques, ni l'intérêt attaché à l'étude de ses modes de fonctionnement. Mais que dire, au point de vue de la logique, des formes « d'activité indirecte » superposées à l'activité spécifique des organes, indépendantes de celle-ci, et naturellement aussi nombreuses que les effets observés par les physiologistes ? — C'est en vertu d'une « activité indirecte » que le foie, l'estomac ou le cerveau partagent la fatigue subie par le système musculaire et que celui-ci à son tour est déprimé par une émotion ! (Lagrange).

Cette entité nous a amenés à un chapitre nouveau, car elle n'est qu'une de ces « corrélations fonctionnelles » sur lesquelles Brown Sequard appela, il y a quelques années, l'attention des physiologistes, et qui sont aujourd'hui devenues assez nombreuses pour être l'objet d'une classification systématique (Gley). Or, on peut, sans nier aucunement la légitimité de cette classification, estimer que les rapports des « *corrélations fonctionnelles* » à la « *synergie fonctionnelle* » sont à peu près ceux de la loi de l'attraction universelle, aux lois de Kepler et aux observations de

Huyghens, et d'une façon plus générale à toute la mécanique céleste.

De même que la connaissance de la formule newtonienne ne dispense pas les astronomes d'étudier l'évolution particulière de chacun des mondes sidéraux, la loi de synergie fonctionnelle ne permet pas aux biologistes de négliger l'étude des fonctions organiques. Mais elle est bien, comme l'attraction universelle, la loi *générale* dont des interactions localisées sont des manifestations particulières. Il faudrait être dépourvu de tout esprit biologique pour ne pas voir dans les « corrélations fonctionnelles » des physiologistes les manifestations de deux faits d'ordre différent, la *synergie fonctionnelle* et la *fonction* particulière de chaque agrégat.

Aussi bien ne sont elles, pour ceux mêmes qui les invoquent, qu'un procédé de classification ; les « corrélations humorales » ressortissent par exemple à l'étude des fonctions glandulaires, et les « corrélations chimiques à celle des affinités cellulaires. Mais ceux qui considéreraient ces affinités en elles-mêmes, c'est-à-dire en dehors des particularités constitutionnelles et oscillations de vitalité dont elles sont l'expression, méconnaîtraient les lois de la physiologie générale, et, en particulier, celle qui localise les manifestations pathologiques à la région plutôt qu'aux tissus. « La continuité de l'organisme est, nous dit Sigaud, *régionale* avant d'être *histologique*... La

douleur, l'atrophie, l'hypertrophie, les dégéné-
rescences envahissent progressivement toute une
région et indistinctement tous les tissus qui la
composent. L'anatomie médicale, il faut bien le
savoir, est une anatomie régionale plutôt que
systématique. »

Déjà, lorsque nous avons, au cours de notre
excursion historique, rencontré les noms de Bichat et de Lamarck, nous avons appelé l'attention sur les inconvénients qu'il y a pour le
médecin à se laisser orienter dans ses investigations par le point de vue histologique. « Que
penserait-on, disions-nous à ce propos, d'un
mécanicien qui, pour étudier le fonctionnement
d'une machine, s'attacherait surtout à reconnaître les matériaux dont elle est composée ? »
Voici que *la marche de la maladie à travers l'organisme* vient mettre en lumière le bien fondé de
cette critique.

5. — *La physiologie clinique et les diathèses.*

En résumé, à quelque point de vue que l'on se
place, on voit la notion des prédominances, *organiques*, *histologiques* et *fonctionnelles* transformer
la plupart des théories pathogéniques, en permettant de rapporter à la *constitution individuelle* des
processus considérés jusqu'ici comme des attributs de la *maladie*. Lorsque ces notions se seront

imposées à tous les cliniciens, on ne verra plus la plupart des théories étiologiques évoquer le souvenir du vieux problème, aujourd'hui résolu, qui consiste à savoir qui, de l'œuf ou de la poule, est apparu le premier sur la scène du monde.

« Quelle est, de la dilatation de l'estomac et de la dyspepsie, le phénomène primitif ? Y a-t-il des angines herpétiques ou des angines avec herpès ? L'ulcère de l'estomac est-il une entité morbide ou une forme d'évolution commune à diverses variétés d'érosions et d'ulcérations stomacales ? Les scléroses viscérales sont elles toujours secondaires à la sclérose des artères ?

Les altérations vasculaires sont elles dues à la défectuosité de la circulation sanguine ou est-ce au contraire la lésion du vaisseau qui engendre la perturbation circulatoire ? » Telles sont quelques-unes des questions offertes à la sagacité des pathologistes. Et l'on est forcé d'avouer que malgré l'intérêt attaché à l'étude des déterminismes pathologiques, elles paraissent entachées de quelque puérilité.

Nous verrons, en étudiant Giovanni, comment la considération des prédominances et des processus compensateurs enlève leur autonomie à des manifestations pathologiques telles que le diabète ou la maladie de Basedow. Contentons nous pour le moment de signaler l'application de

ces notions à l'interprétation des phénomènes dits
« de métastase diathésique. »

On sait que les anciens auteurs attribuaient les
diverses manifestations pathologiques du tempérament au transport des principes morbides dans
les diverses régions de l'économie. C'est là ce
qu'on appelait les *métastases*. Les modernes apportent à l'interprétation des mêmes phénomènes
plus de circonspection, mais doivent cependant
s'incliner devant les faits, et reconnaître l'existence des *transformations morbides*.

Ici « des hémorroïdes disparues sont rempla-
cées par des hématuries, des épistaxis, des hémo-
phtisies, et même par des apoplexies cérébrales »
(Lancereaux) ; là c'est une bronchite ou une crise
d'asthme qui apparaît à chaque tentative faite
pour résorber un eczéma à l'aide d'une pom-
made ; ailleurs, on voit succéder aux vomisse-
ments et à la diarrhée, d'abord des symptômes
méningitiques, puis un point pleurétique, et enfin des manifestations phlébitiques. Tous ces phénomènes, qui apparaissent fort complexes lorsqu'on les rapporte à des métastases, ou pour parler avec quelques pathologistes modernes, à du
métaschématisme, s'éclairent lorsqu'on voit en eux
l'expression de *l'épuisement successif de l'excitabilité dans les divers appareils organiques* (1).

On peut en dire autant des manifestations dia-

(1) Voir page 196.

thésiques simples. Qui pourrait se flatter, par exemple, de connaître tous les visages de l'arthritisme, ce Protée de la pathologie?

Le cas échéant, il sait ajouter à ses attributs classiques, la goutte, le rhumatisme, la migraine, l'asthme, l'obésité, le diabète, la gravelle et la lithiase biliaire, quelques manifestations supplémentaires telles que la bronchite emphysémateuse, les hémorrhoïdes, les arthritides (dermatoses) le catarrhe des foins, le rein mobile et l'entérite muco-membraneuse. Et nous abrégeons. L'énumération se prolonge assez pour que, de l'aveu même de l'auteur, « toute la pathologie y passe » (1). Ce qui prouve qu'aujourd'hui comme au temps de Molière, toutes les maladies sont « dans le sang. »

6. — *La physiologie clinique et la métaphysique.*

Nous avons, dans l'avant-propos de cette étude, évoqué les rapports de la métaphysique biologique de Sigaud à celle de M. Bergson. Il suffit de parcourir l'œuvre de ce dernier penseur pour se convaincre de la légitimité de ce point de vue. Qu'est-ce par exemple que cette « conscience » qui sommeille dans l'instinct, et qui, si elle se réveillait « nous livrerait les secrets les plus in-

(1) Maurice de Fleury. *Le Bréviaire de l'arthritique.*

times de la vie » (1), sinon la conscience organique du clinicien lyonnais ? La similitude de l'idée atteint ici un degré tel qu'elle commande celle des expressions employées à la traduire.

Si nous savions, dit encore M. Bergson, « détourner notre attention du côté pratiquement intéressant de l'univers pour le retourner vers ce qui pratiquement ne sert à rien », c'est-à-dire substituer souvent à la recherche active une prise de contact purement passive avec la nature, nous obtiendrions une « vision de l'éternel devenir » dont la spéculation pure ne serait pas seule à bénéficier, une vision qu'il suffirait d'incorporer à la vie journalière pour faire de la philosophie la source de « satisfactions aussi pleines que celles de l'art, mais plus fréquentes, plus continues, plus accessibles aussi au commun des hommes.

« .... Par la philosophie, nous pouvons nous habituer à ne jamais isoler le présent du passé qu'il traîne avec lui... grâce à elle toutes choses acquièrent de la profondeur... la réalité s'affirme dynamiquement dans la continuité et la variabilité de sa tendance. »

Ecoutons maintenant Sigaud :

« La conscience organique est, nous dit-il, fonction du système nerveux, et celui-ci est étroitement dépendant de l'évolution sociale. On conçoit donc pour les âges futurs un homme prenant

____

(1) *L'Evolution créatrice.*

plus largement conscience de ses fonctions organiques, et grâce à cette conscience élargie, sachant garder son équilibre fonctionnel, c'est-à-dire mesurer les excitations au pouvoir excito-moteur de chacun de ses appareils organiques. »

L'être perfectionné de telle sorte aurait augmenté, en même temps que son bien être, la force et la qualité des virtualités incluses en son organisation, en un mot « son pouvoir total d'adaptation aux influences à la fois telluriques et sociales. »

Il aurait, par conséquent, reçu de la Terre qui le porte ce qu'elle peut lui donner de plus précieux, l'exaltation de la personnalité, et réalisé ainsi, sous sa forme la plus haute, cette adaptation à l'ambiance que les hommes appellent progrès (1).

Les points de contact qui unissent un tel idéal à celui de M. Bergson sont frappants : l'un des deux penseurs parle en physiologiste et l'autre en métaphisicien. Mais l'évolution à laquelle ils nous convient est de même forme, puisqu'elle est, pour tous les deux, liée à la possibilité de donner au développement de l'individualité une modalité différente de celle qui lui est apportée actuellement, et reposant sur la culture de l'instinct. Tous deux souhaitent l'avènement d'un surhomme opposé à celui de Nietzche ; tous deux

(1) Cf. l'épigraphe de ce livre.

encore nous promettent un avenir plus riche en
joies « continues » et « accessibles au commun
des hommes » ; enfin la réalité devant laquelle
nous place Sigaud est bien, comme celle que rêve
M. Bergson, saisie dans la variabilité et la continuité de sa tendance, puisqu'elle nous montre
dans chacun de nos appareils organiques le prolongement d'un milieu correspondant. Quant à
l'indissoluble union du passé et de l'avenir évoquée par le philosophe, elle est représentée dans
l'œuvre du biologiste par ces prédominances organiques et fonctionnelles qui sont fonction de
l'hérédité, et dont la prise en considération nous
invite à orienter notre vie dans la direction lé-
guée par nos ascendants.

Aussi bien ne prétendons-nous pas, en mettant
ces analogies en lumière, identifier l'intuition
mise en cause dans l'*Evolution créatrice* à celle
dont nous entretiennent les cliniciens morphologistes. Nous savons que la première est beaucoup
plus complexe et moins étroitement localisée
que la seconde. Mais les postulats de la science
positive n'en viennent pas moins rejoindre, en
une région déterminée de la province de la pensée, ceux de la métaphysique (1).

<hr>

(1) Nous ne sommes d'ailleurs pas les seuls à avoir fait cette
observation. Dans l'*Attitude du lyrisme contemporain*, M. Tancrède
de Visan constate « une correspondance étroite entre la manière
dont M. Bergson interprète la métaphysique, M. Poincaré la méthode d'induction, M. Houssay les sciences naturelles d'une part,
et la façon dont nos poètes conçoivent aujourd'hui la poésie. »

D'autre part, si les conceptions de Sigaud ne se superposent pas à celles de M. Bergson, elles contribuent cependant à leur apporter cette sanction de la science expérimentale qui est à l'heure actuelle la pierre angulaire de tout système philosophique.

On peut d'ailleurs considérer que la mise en lumière de celles des aspirations inconscientes de l'être qui ne sont pas relatives à la vie cérébrale ajoute, non seulement à la métaphysique bergsonienne, mais à toute la métaphysique moderne un chapitre qui la complète admirablement. Celle-ci a en effet pour caractéristique principale la profondeur de la démarcation tracée entre les facultés conscientes et les facultés inconscientes, et l'hommage rendu à la place occupée par ces dernières dans l'échelle des causes et des valeurs. L'œuvre de Sigaud concrétise en quelque sorte cette manière de voir en lui fournissant un substratum physiologique.

7. — *La physiologie clinique et les sciences sociales.*

S'il est vrai que la sociologie puisse être définie « la science des groupements et des idées qui

Or les conceptions biologiques de M. Houssay sont, nous le savons, animées du même esprit que celles de Sigaud et de ses élèves, seulement elles sont appliquées par lui à l'étude de la *morphologie générale des organismes*, tandis que les auteurs dont nous parlons ici se sont consacrés particulièrement à la *morphologie humaine*.

les provoquent » (Wells), la morphologie humaine est appelée à jouer un rôle important dans l'évolution de cette dernière science.

Le développement de la sensibilité organique, qui est un de ses principaux postulats, offre tout d'abord un correctif au déchaînement outrancier des ambitions et aux déviations de l'instinct.

L'ivresse physiologique qu'apporte à un individu hautement différencié le contact de son milieu spécifique le rend en effet dédaigneux, aussi bien des ivresses malsaines fournies par l'alcool ou les excès génitaux, que des jouissances puisées dans la vanité et le surmenage.

Si la voix de nos cellules devenait assez puissante pour nous faire mépriser d'autres injonctions, nous ne pourrions plus donner le nom de joie qu'à la satisfaction des plus impérieuses suggestions organiques. Ainsi serait apportée à l'humanité la seule forme d'égalité qu'il lui soit permis de convoiter, celle qui naît de la diversité même des organisations et des désirs. La même évolution amènerait à étayer sur les affinités individuelles des associations et des préférences commandées uniquement aujourd'hui par les conventions sociales et les intérêts matériels.

Ajoutons que nulle étude n'est plus que celle des rapports de la forme à la fonction apte à fortifier en chacun de nous le respect du polymorphisme vital, la conscience des droits conférés par la vie, et le mépris des jugements humains.

Lorsqu'on connaît l'instabilité des équilibres organiques, les déviations qui dérobent à la majorité des individus la perception de leurs besoins les plus impérieux, les obstacles apportés par les conditions de la vie sociale et l'universelle ignorance des lois naturelles à la satisfaction de ces besoins dans les cas où ils sont éprouvés, il devient impossible de réserver aux élites intellectuelles la totalité de ses sympathies ; une grande place se trouve réservée en notre cœur à la multitude des hommes dont la seule mission est de livrer à l'ambiance cette lutte pour la vie que les sociologues étudient sur le terrain économique mais qui pour le physiologiste se confond avec l'exercice même des fonctions organiques. Toute forme d'activité fonctionnelle apparaît d'ailleurs féconde lorsqu'elle est perçue en tant qu'élément de bonheur et d'équilibre.

Etendus à la psychologie des peuples, ces points de vue favorisent des tendances éthiques chères à beaucoup de sociologues modernes. Ils contribuent en effet à opposer « aux consciences de nationalité ou de religion une conscience *humaine* et *sociale* pour ne pas dire *plus qu'humaine et cosmique* » (Fouillée).

Cependant, en dépit de l'importance de ces considérations, le rôle que la morphologie humaine est appelée à jouer dans l'évolution sociale se rapporte actuellement moins aux *groupements sociaux*, qui sont l'objet de la sociologie proprement dite, qu'au *perfectionnement de l'unité sociale ou individu* (*pédagogie*) et à son *rendement* (*organisation du travail*).

Ces derniers résultats eux-mêmes peuvent être rangés sous trois chefs principaux, qui sont les apports de la nouvelle science à *l'eugénisme*, à *l'hygiène privée* et à la *prophylaxie*, son rôle dans *l'évolution de l'individualisme* et *l'unité qu'elle confère à la direction de la vie individuelle*.

Alors que la médecine et la pédagogie classique nous apportent, le plus souvent dans des ouvrages différents et n'ayant entre eux aucun lien apparent, des indications relatives les unes à l'alimentation, les autres à la direction des études, les troisièmes au dosage du repos et de l'exercice musculaire, les morphologistes considèrent l'organisme humain d'une part, la vie humaine d'autre part, comme un tout dont aucune partie ne saurait être envisagée isolément, et appliquent un même mode de dosage et de répartition aux diverses formes du travail organique : *étude, alimentation* et *exercice physique*. Ils estiment par exemple qu'on doit prendre dans la matinée, ou tout au moins dans la première partie de la journée, les repas les plus substantiels, et que ces heures sont aussi celles auxquelles on doit demander le travail intellectuel ou musculaire intensif (leçons difficiles et récréations bruyantes pour les écoles) ; s'ils voient un enfant subir des variations morphologiques fréquentes ou accusées, telles que l'excavation de l'abdomen, ils diagnostiquent chez lui un état de moindre résistance commandant non seulement une étroite surveillance du régime alimentaire mais encore la vie au grand air et la restriction, sinon la suppression complète du travail cérébral.

Leur conception de la distribution du travail est en outre commandée par la prise en considération de la synergie fonctionnelle. Il est bien évident, par exemple, que la conscience de la généralisation à tout l'organisme d'excitations fonctionnelles localisées en apparence, impose l'obligation de ne pas se fatiguer immédiatement après le repas, de ne pas demander d'effort cérébral à un enfant encore sous l'influence d'une marche prolongée, etc.

Nous ne reviendrons pas ici sur les apports de la science que nous étudions à l'hygiène privée et à la prophylaxie puisque leur mise en lumière constitue la substance même de cet ouvrage. Nous voudrions seulement insister un peu sur l'importance sociale de celles des données établies par Sigaud qui sont relatives à l'hygiène de la grossesse.

Sans doute on pouvait, avant les révélations de *l'exploration externe du tube digestif* et de la *forme humaine* supposer que la modalité de la grossesse était comme celle de toutes les autres fonctions, liée au coefficient des forces organiques. Mais ne devons-nous pas, à une époque où l'eugénisme est si fort en honneur, accueillir avec reconnaissance des procédés de diagnostic qui permettent d'apporter à l'évaluation de ce coefficient un maximum de précision ? Il est bien évident qu'un des plus importants facteurs de l'ontogénie est représenté par l'état organique des parents, et plus particulièrement de la mère, au moment de la conception. Fournir aux générations futures des sources aussi saines que possible, voilà le premier commandement de l'éthique, et parmi toutes les préoccupations de l'heure présente il n'en est pas de plus haute ni de plus légitime que celle qui nous pousse à chercher dans la connaissance des lois de l'hérédité les principes du perfectionnement de la race. Mais le déterminisme des individualités est régi par des facteurs si innombrables et des influences si lointaines qu'on peut douter que nous arrivions jamais à en dégager les formules principales. Au contraire, tout critérium relatif à *l'état présent des procréateurs* a une valeur positive.

Quelle que soit la manière dont les influences ancestrales et actuelles participent à la genèse de l'être futur, ceux-ci doivent être sains au moment même où ils assument les responsabilités d'un appel à la vie. Si le choix des parents — c'est-à-dire la *sélection individuelle* — est le premier article du code de l'eugénisme, le choix de l'heure de la procréation, — c'est-à-dire la *sélection por-*

tant sur les phases évolutives et accidentelles des processus vitaux — en est le second. Et ce choix, aucune science ne saurait le diriger plus efficacement que la morphologie humaine.

Quant au rôle de cette dernière dans *l'évolution de l'individualisme*, il consiste en premier lieu à *faire bénéficier toutes les formes et toutes les manifestations de l'activité organique de principes qui n'ont guère été appliqués jusqu'ici qu'à la direction du travail cérébral*, en second lieu à *intensifier les dyssymétries organiques*, que la pédagogie classique s'efforce d'atténuer.

A côté de « celui qui a le désir d'étudier » et de « celui qui n'en a pas, le désir », de celui « qui réclame avant tout comme éducation les livres », ou au contraire « l'activité des yeux et des mains », à côté des « intelligences théoriques » et des « intelligences à tendances pratiques (1), » la morphologie nous montre des individus ayant un besoin prédominant d'air, de mouvement ou d'alimentation, des sujets élastiques et d'autres dont la réceptivité organique est étroitement limitée ; elle perçoit le besoin, ici d'excitations faibles et fréquentes, là d'excitations massives et rares, etc.

L'idée de la dissymétrie organique envisagée comme le « secret de la vie » constitue une donnée pédagogique plus importante encore.

La plupart des éducateurs sont en effet guidés

______

(1) Ellen Key.

par les idées d'équilibre et de symétrie ; « l'éducation doit, nous disent-ils, chercher à établir la compensation en exerçant de préférence les parties faibles ; elle ne peut avoir la prétention de changer absolument la face des choses et de tout égaliser », mais elle doit chercher à « atténuer » les « prédominances...... au lieu de les accuser davantage » (Demeny).

L'appareil cérébral a seul bénéficié jusqu'ici de l'idée de dissymétrie organique. On sait qu'il faut développer les aptitudes intellectuelles prédominantes ; on est aussi forcé, pour des raisons évidentes, de satisfaire un tube digestif exigeant, mais on ignore presque complètement la nécessité de fournir beaucoup d'air et de mouvement à des poumons et à des muscles forts : c'est seulement lorsqu'ils sont faibles qu'on se préoccupe de les développer. Or, l'erreur ainsi commise est flagrante. Il suffit, pour en apprécier l'étendue, de considérer les résultats que l'on atteint, lorsque, dans le domaine cérébral, on s'efforce d'éveiller chez un enfant les facultés absentes avant de développer celles qui lui sont octroyées par la nature. « L'aptitude individuelle, dit M. Binet, doit, quand elle est caractéristique, être le levier de l'instruction. »

Les physiologistes élargissent cette idée et disent : *La prise en considération des dissymétries organiques et intellectuelles doit être le levier de la pédagogie.*

Telles sont, rapidement esquissées, quelques-unes des applications de la morphologie humaine au perfectionnement de la race et aux relations des individus.

Envisagée dans ses rapports avec le *rendement individuel*, elle se présente à nous comme l'une des bases de *l'organisation scientifique du travail* dont se préoccupent actuellement quelques sociologues puisqu'elle permet mieux que toute autre science d'appliquer à la direction de l'activité individuelle l'adage si expressif : *the right man on the right place.*

Il est sans doute, par exemple, peu de perfectionnements plus importants à apporter à l'organisation de l'armée que ceux que propose et applique le major Thooris et qui consistent :

1° A substituer aux critériums anthropométiques de recrutement utilisés jusqu'à ce jour une appréciation du tempérament fondée sur la connaissance de la forme individuelle.

2° A attribuer à chaque soldat le genre de travail auquel le destine sa morphologie.

La première mesure aurait pour résultat de diminuer le nombre des réformés, la seconde d'obtenir de chaque soldat un rendement maxima.

« En me basant sur la morphologie individuelle et sans interroger aucun cavalier, j'ai pu, nous dit par exemple M. Thooris, *établir les cotes des aptitudes équestres sans me tromper une seule fois* (1), » Au point de vue moniteur le Musculaire lui paraît « être l'homme de la course, de la haie et du rugby ; le Respiratoire fort, l'homme de la gymnastique de sélection, le grimpeur et l'athlète des agrès, le Digestif, l'homme de la gymnastique éducative. » Et il ajoute après avoir constaté l'influence néfaste des règlements uniformes et des besognes non adéquates au tempérament : « Avons-nous le droit de tuer les gens sous le prétexte de ne pas savoir en somme nous en servir (2) ? » Toutes ces considérations sont naturellement applicables à l'organisation du travail dans la vie civile.

« Il faudrait, dit par exemple M. Waxveiler, qu'à côté des fiches démographiques avec les données d'âge, d'état civil, etc., que les recensements rassemblent, les individus eussent leur fiche psychologique, même leur fiche éthologique, leur fiche d'utisabilité sociale, pour que la conviction de l'inégalité des aptitudes acquît une force scientifique. Les tentatives déjà réalisées dans ce sens indiquent ce que pourront être les sélections inter-individuelles lorsqu'elles partiront de données positives (3). »

Les assertions de M. Thooris mettent d'autre

(1) C'est nous qui soulignons. Le meilleur cavalier est le musculaire léger.

(2) Bulletin de *l'Union fédérative* des médecins de la Réserve et de l'Armée Territoriale.

(3) *La vie dans les phénomènes sociaux.*

part en évidence la contribution apportée par la morphologie humaine à la réalisation de ce dernier desideratum.

Mais c'est là un chapitre sur lequel nous ne saurions nous étendre sans dépasser les limites de cette étude essentiellement globale. Nous nous sommes seulement proposé de montrer ici que cette science préside à la fusion des principales aspirations de l'éthique moderne, et qu'elle sanctionne en particulier la formule qui consiste à identifier le devoir à la poursuite d'un maximum de puissance biologique et de développement ontogénétique.

B. — La Morphologie de Giovanni

CHAPITRE XVII

L'Inspection morphologique

1. — *Considérations générales*

La morphologie de Giovanni est plus exclusivement médicale que celle de Sigaud. En outre, il est impossible d'en donner un aperçu satisfaisant sans entrer dans des détails techniques en déhors du cadre de cette étude. Nous ne jetterons donc sur elle qu'un coup d'œil superficiel (1).

Le point de départ des deux œuvres est absolument le même, savoir la prise en considération de la diversité des effets engendrés par une même cause morbigène chez des individus différents.

« Le diagnostic anatomique seul ne nous permet pas, dit Giovanni, de reconnaître pourquoi un vice cardiaque se manifeste tantôt par la

(1) Les chapitres XVII et XVIII n'ont d'intérêt que pour les médecins.

prédominance des troubles de l'appareil digestif, tantôt par l'apparition subite d'altérations rénales, par l'apparition subite ou périodique de troubles respiratoires ou encore par ces épouvantables altérations fonctionnelles du cœur qui surviennent à la suite d'un spasme ou d'une paralysie ; dans d'autres cas enfin par ces perturbations légères mais continues qui exercent sur le malade une action fatale ».

Nous pourrions prolonger cette énumération, mais nous avons, en étudiant l'œuvre de Sigaud, déjà exposé les arguments qui établissent la légitimité de ce que Giovanni appelle le « diagnostic morphologique » ; nous éviterons donc des redites inutiles.

Les deux cliniciens proclament avec une égale éloquence la supériorité de la médecine préventive, l'aptitude de la morphologie humaine à en fournir les données fondamentales, la lumière projetée sur l'étude des réactions vitales par le concept d'*évolution*, et la nécessité de donner pour base au diagnostic une anamnèse empruntant sa substance à la vie journalière et à la *continuité des manifestations biologiques*, non aux théories pathogéniques.

L'ouvrage de Giovanni intitulé *Commentarii di clinica médica desunti delle morphologia del corpo umano* est divisé en trois parties.

Dans la première, les données de la morphologie sont envisagées dans leurs rapports avec celles de la *phylogénie* ; dans la seconde sont exposées les données apportées par l'*Inspection* des diverses individualités et les caractères auxquels sont subordonnés le développement et la déficience des diverses régions de l'économie. Dans la troisième partie, l'ensemble des individualités est ramené à quelques *combinaisons morphologiques* fondamentales, qui elles-mêmes se superposent les unes aux autres pour produire l'infinie variété des formes humaines.

Nous ne nous étendrons pas beaucoup sur la première partie. Son seul but est de persuader les médecins et les physiologistes des bénéfices attachés à l'étude de l'anatomie comparée et de l'embryogénie. L'auteur y émet l'idée que la plupart des manifestations pathologiques prennent leur source dans des anomalies de développement qui doivent être considérées comme des manifestations ataviques, c'est-à-dire qui correspondent à des conditions normales chez des espèces inférieures à l'homme. Il rappelle à ce propos la pensée de Wirchow, que beaucoup de caractéristiques ethniques ont des équivalents dans la pathologie. Et il déduit de cette hypothèse la nécessité de rattacher l'étude des processus pathologiques à celle de la physiologie

L'anatomie comparée montre, par exemple, que le développement de la partie de la veine cave désignée sous le nom *d'ampoule* (et qui succède immédiatement aux vaisseaux hépatiques) paraît être en relation avec un ralentissement de l'afflux sanguin dans le cœur, dû lui-même à une suspension de la respiration, comme chez le phoque, la loutre, etc. Dans tous ces cas les veines sus-hépatiques sont très dilatées.

La pathologie clinique pourrait appliquer ces observations à l'étude des phénomènes en rapport avec les anomalies fonctionnelles de la veine cave.

On pourrait aussi admettre chez les individus trop riches en graisse une digestion cellulaire rappelant celle d'animaux qui font des réserves énormes de graisse, chez les goutteux des conditions structurales analogues à celles qui permettent aux reptiles et aux oiseaux d'élaborer de grandes quantités d'acide urique, etc., etc.

En ce qui concerne la microbiologie, Giovanni admet la possibilité pour certaines catégories de microbes de s'être développés à l'intérieur de l'organisme, sans y avoir été apportés par les milieux extérieurs ; ces microbes seraient les produits d'une désagrégation cellulaire.

Ayant placé des cellules (globules rouges et blancs du sang, cellules épithéliales, cancéreuses, etc.) dans une chambre humide à la température voulue pendant 48 et 72 heures, il a vu la cellule « se dissoudre pour ainsi dire en ses bioplastes (plastidules de Haeckel) véritables unités morphologiques de la matière vivante, et ces dernières évoluer vers la cellule microbe et d'autres formes végétales. Je ne veux pas, dit-il à ce propos, rappeler par là la théorie de Béchamp, mais seulement les faits sur lesquels elle s'appuie. »

2. — *Inspection de la colonne vertébrale*

Les processus morbides ayant leur siège dans la colonne vertébrale sont stigmatisés :

1° Par un excès total ou partiel dans le développement de cette partie du corps.

2° Par la nature de la combinaison morphologique individuelle.

Et ceci parce que les défectuosités morbigènes peuvent être relatives :

A). — Aux dimensions de la colonne vertébrale envisagées par rapport à celle du squelette.

,B). — Aux dimensions de la moelle épinière envisagées par rapport à celles de la colonne vertébrale.

C). — A des asymétries musculaires entraînant des attitudes corporelles vicieuses, qui elles-mêmes engendrent à la longue la déviation de la colonne.

a). *La colonne vertébrale est quelquefois trop longue mais jamais trop courte.* — On peut déduire de cette constatation que l'excès de longueur considéré est un caractère embryonnaire persistant. En effet, la colonne vertébrale se raccourcit par rapport à l'organisme au cours du processus onto-génétique.

b) Les plus grandes disproportions entre la colonne vertébrale et le squelette coïncident avec un développement excessif ou déficient de la moelle épinière, qui lui-même est un facteur de déséquilibration nerveuse. — Pour mieux apprécier la vérité de ces assertions il faut, dans chaque cas particulier, comparer la morphologie de la colonne vertébrale à celle du système circulatoire (cœur, artères, veines et vaisseaux lymphatiques) et étudier aussi avec soin la circulation locale.

Les disproportions entre la colonne et son contenu s'expliquent de la manière suivante.

Jusqu'au quatrième mois, la croissance en longueur de la moelle et celle de la colonne vertébrale s'accomplissent parallèlement, mais par la suite, la colonne vertébrale croît plus rapidement que la moelle, et pour cette raison, les racines nerveuses qui sortaient horizontalement des orifices vertébraux prennent une direction oblique ; lorsque la croissance de la colonne vertébrale ou d'une de ses parties est trop active, l'obliquité s'exagère.

Les rapports entre une portion cérébrale donnée et le segment spinal qui s'y rapporte fournissent des indications étiologiques précieuses. C'est ainsi qu'elles ont permis de diagnostiquer une neurasthénie par congestion de la partie lombaire de la moelle, pour laquelle on avait extirpé l'utérus ; une autre fois une tumeur du médiastin constatée à l'autopsie avait été révélée par un soupçon d'anomalie circulatoire dans la partie cervicale de la moelle.

L'examen de la colonne vertébrale envisagée dans ses rapports avec les autres données de la morphologie individuelle et au point de vue des *dimensions*, de la *mobilité* et de la *sensibilité* de ses divers segments (révélées par les mouvements ordonnés au patient) a aussi permis à l'auteur de discerner la part prise par le *mal de Pott* à la genèse de manifestations multiformes telles que névralgies, pellagre, douleurs attribuées à de l'appendicite et à des calculs hépatiques, troubles épileptiques, méningitiques, hémorragies des membres inférieurs.

Dans tous ces cas, on s'était attaché à la considération du symptôme le plus apparent, diagnostiquant ici la pellagre, là un cancer du poumon ou un anévrisme de l'aorte. Or l'examen attentif de la colonne vertébrale et des reflexes cutanés et nerveux révéla, tantôt un excès de longueur, tantôt une moindre mobilité ou une sensibilité excessive de la colonne vertébrale ou d'un de ses segments. Toute cette symptômatologie si diverse se montra justiciable de cautérisations, vésicatoires et de toute la thérapeutique usitée en pareille occurence.

c) Le développement insuffisant des muscles qui s'insèrent sur la colonne vertébrale et des muscles

qui fixent les omoplates au thorax joue un rôle important dans la pathologie de l'organe respiratoire.
— L'inégalité de développement des membres ou de groupes musculaires homologues engendre, elle aussi, des déviations de la colonne vertébrale. Ces considérations ont permis de ramener à sa cause une altération de l'articulation du genou due à une asymétrie de développement de la cuisse et des fesses. Celle-ci rendait fatigants certains exercices des membres inférieurs qui nécessitaient une attitude spéciale de la colonne vertébrale, et produisait des sensations pénibles, puis des douleurs, auxquelles on avait attribué une origine rhumatismale.

3. — *Inspection du système circulatoire périphérique*

a) Système lymphatique. — Le développement exagéré des glandes lymphatiques est surtout perceptible dans les régions du cou, des aisselles, de l'aine. Il peut être habituel ou passager et stigmatise une prédominance de l'élément lymphatique dans la texture des parties considérées, c'est-à-dire une irritabilité particulière du système lymphatique. Cette tuméfaction s'accompagne souvent de dégénérescence graisseuse, rapportable à la même cause. Le lymphatisme accidentel est en rapport tantôt avec des troubles digestifs, pulmonaires, etc., tantôt avec la phase évolutive correspondant à la croissance. Il est souvent l'origine de troubles qui sont attribués à des processus infectieux (fièvre continue, rémittente ou intermittente, manifestations bronchiques, intestinales) etc..

b) veines sous cutanées. — Elles doivent être examinées dans les régions de la poitrine, de l'abdomen et des membres.

Elles présentent chez des individus différents des degrés divers de développement en ce qui concerne le *nombre*, le *calibre* ou la *turgescence.* Les degrés de développement et l'asymétrie du système veineux peuvent différer avec les régions de l'organisme et ces différences ont quelquefois une signification étiologique. Par exemple, les veinules qu'on observe quelquefois sur la poitrine d'enfants ou d'adultes stigmatisent un *excédent de pression interne* dans le système circulatoire intra-thoracique, qui doit lui-même être considéré comme le symptôme d'une prédisposition aux maladies de poitrine. Cette affirmation peut d'ailleurs être généralisée ; toutes les veines très apparentes annoncent un excédent de pression interne qui doit exister aussi bien dans la veine azygos où les intercostales affluent, que dans la cave supérieure, dans les cavités droites du cœur et dans la pulmonaire. Certaines maladies du foie et de la rate sont annoncées par l'expansion progressive d'un réseau veineux dans la région des hypochondres. Chez les cardiaques on voit la symptômatologie des lésions varier avec la morphologie du système circulatoire.

c) artères. — La petitesse des artères peut être générale ou partielle ; elle a souvent pour contre partie l'excès de développement des veines.

Il existe un critérium morphologique de la petitesse des artères, c'est la petitesse du sternum et le développement corrélatif de la poignée. Autrement dit, *les artères sont petites dans le corps des individus chez lesquels la poignée du sternum a un développement en longueur égal à celui du corps.*

Lorsqu'à cette petitesse des artères s'ajoute un développement ou une force insuffisante du ventricule, on constate en outre une disproportion entre les pulsations de l'artère radiale et celles du cœur, sur laquelle nous reviendrons en parlant de l'examen morphologique du cœur.

La qualité de la circulation est encore révélée par la coloration de la face, des mains, et des pieds.

Enfin, il faut citer parmi les stigmates relatifs à la circulation capillaire, les lignes rouges ou blanchâtres qui apparaissent quelquefois sur la peau à la suite d'une pression exercée avec l'ongle ou la surface dorsale de l'index. Les lignes rouges ont été observées par Trousseau, qui leur avait donné le nom de lignes *méningitiques*, mais ces lignes ne s'observent pas seulement dans la méningite. Tout permet de supposer qu'elles correspondent à une *dilatation* du vaisseau par diminution du tonus vasculaire, et méritent par conséquent le nom de lignes paralytiques. Au contraire, les lignes blanches stigmatisent la *contraction* vasculaire, le *spasme*, et devront être désignées sous le nom de lignes *spasmodiques*. La ligne peut être blanche primitivement, puis devenir rouge dans sa partie centrale ; cela indique que la paralysie succède au spasme ; on peut aussi observer chez un même individu des lignes paralytiques dans une région du corps, des lignes spasmodiques dans une autre région.

D'une façon générale, les lignes paralytiques et spasmodiques peuvent être considérées comme se rapportant à deux facteurs étiologiques principaux, le *lymphatisme* et le *nervosisme*. On les voit souvent coïncider avec des manifestations de scrofule dans les glandes cervicales, des symptômes de broncho-alvéolite et des phénomènes nerveux attribués communément à l'hystérisme ; dans d'autres cas, elles soulignent un état pathologique des viscères, et ceci nous montre que le mode de l'innervation vaso-motrice peut être modifié par le fonctionnement viscéral.

Le mode de fonctionnement des artères est révélé par une forte pression de quelques secondes (analogue à celles usitées pour le massage). Sur les artères normales, le pouls se resserre sur toute la partie de l'artère soumise au massage ; sur les artères pathologiques (par altération primitive ou par défaut de tonicité nerveuse) il se resserre moins ou pas du tout.

4. — *Inspection du thorax*

La morphologie du thorax doit être considérée comme défectueuse dans deux cas principaux.

1° Quand le thorax est petit, étroit, cylindrique.

2° Quand il est large et ample, mais irrégulièrement conformé de par *la trop grande largeur des deux premiers espaces intercostaux.*

Ce dernier stigmate va de pair avec un autre stigmate déjà mentionné, la disproportion entre la poignée et le corps du sternum, qui implique elle-même un cœur petit et un système aortique correspondant.

On doit étudier les excursions thoraciques telles qu'elles se produisent chez l'individu *non prévenu de l'observation*, et non en ordonnant de faire des inspirations profondes. On constate tantôt la brièveté de l'excursion thoracique, tantôt la possibilité pour l'individu de faire des excursions thoraciques plus amples.

La première de ces conditions indique une faible oxygénation sanguine et, conséquemment, une circulation pulmonaire peu active ; elle donne par conséquent l'explication de quelques manifestations pathologiques. L'amplitude des excursions démontre au contraire la possibilité de modifier les conditions physio-pathologiques, surtout par la *gymnastique respiratoire*. De là l'utilité de faire figurer les critériums morphologiques et fonctionnels parmi les données présidant au *choix des recrues*.

Des thorax présentant le même rapport de taille et de volume peuvent avoir des valeurs énergétiques très différentes.

1° *parce que l'insuffisance de la cage thoracique peut-être masquée par la longueur de la clavicule* (1).

2° *parce qu'ils peuvent différer l'un de l'autre par la partie basale* (toit de la cavité abdominale) (2).

5. — *Inspection du système nerveux*

La connaissance de la distribution systématique des vaisseaux dans le système nerveux ne suffit pas ; il faut aussi tenir compte du nombre et du volume de ces vaisseaux dans les diverses régions de l'organisme, et de la prédominance respective des artères, des veines et des lympha-

(1) Dans le thorax *aplati à clavicules longues*, le cœur est asymétrique par prédominance de sa moitié droite ; dans le thorax à clavicules courtes, il y a *aphasie générale* et principalement dans le cœur gauche, mais dans les deux cas, on se trouve en présence d'un excès de pression veineuse.

(2) Par conséquent le mode de fonctionnement du centre circulatoire varie avec le développement des hypochondres ; de là l'importance de la mensuration du diamètre transversal du segment supérieur de l'abdomen.

tiques, en ayant toujours présent à l'esprit ce principe que le système lymphatique représente pour ainsi dire le milieu spécifique du nerf. Les cardiopathies sont très souvent justiciables d'une action exercée sur les centres nerveux qui commandent les fonctions cardiaque et respiratoire.

L'auteur a vu l'application de vésicatoires sur la région cervico-dorsale de la colonne vertébrale amener la disparition de la cyanose, de perturbations circulatoires et cardiaques, la diminution progressive du volume du foie ; une soustraction sanguine dans la même région a amené la disparition d'orgasme artériel de la tête, du tronc et du cou.

6. — *Examen morphologique du cœur*

L'ensemble des recherches constituant cet examen a un but supérieur à celui qui est généralement atteint par le seul examen pessimétrique, il porte sur les trois points suivants :

A) Recherche des dimensions respectives des diverses parties du cœur, c'est-à-dire des *diamètres cardiaques*.

B) Recherche des rapports existant entre les *dimensions du cœur* et celles de l'organisme.

C) Recherche des rapports existant entre la

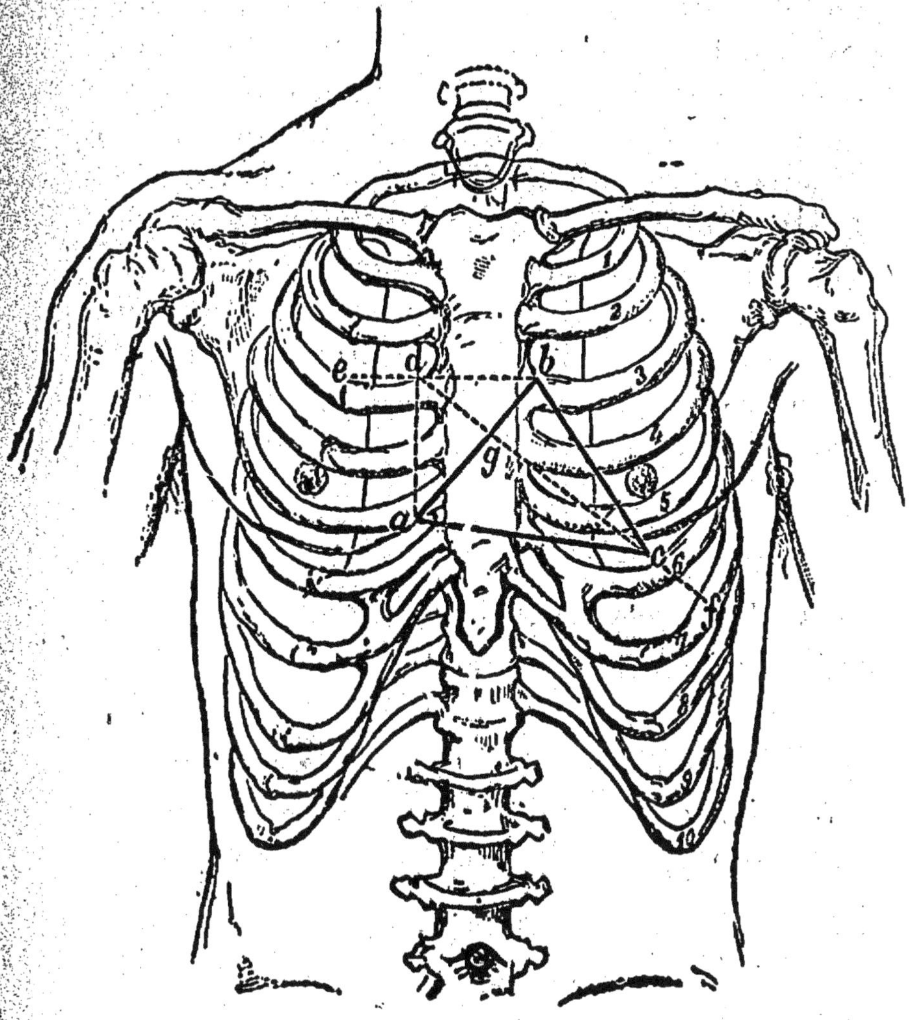

Figure I

valeur fonctionnelle du cœur et celle de l'organisme.

A) Les diverses parties du cœur doivent être entre elles comme 9, 10 et 11 ; 9 pour la *base* du cœur, 10 pour le ventricule *gauche*, 11 pour le ventricule *droit*. La différence entre la base du cœur et le ventricule gauche peut aussi être *physiologiquement* de 1/2 centimètre au lieu d'un centimètre, mais cette dernière condition est inférieure à la précédente.

Les *dimensions* de ces parties varient naturellement avec les organismes, mais les *rapports* précédents correspondent seuls à des conditions non pathologiques.

Pour mesurer les diamètres cardiaques, il faut tout d'abord déterminer le siège du point C (V. fig. 1 schématique), qui est la *pointe* du cœur et qu'on trouve généralement par l'exploration dans le 5° espace intercostal.

Ce point une fois trouvé, on l'unit à A et à B par deux lignes. Il en résulte un triangle dont chaque côté mesure la longueur réelle des côtés du cœur. A B représente la base de ce triangle, B C l'axe longitudinal du ventricule gauche, A C l'axe longitudinal de la moitié droite du cœur. Lorsqu'on a l'habitude de cette mensuration, on n'a pas besoin de tracer les lignes. Il suffit de marquer avec précision les points extrêmes de la base et de la pointe du cœur.

Nous renvoyons à l'original pour la technique à suivre dans le cas où la pointe du cœur n'est pas visible et papable.

B) La détermination des proportions existant entre les dimensions du cœur et celles de l'organisme a pour point de départ la loi suivante formulée par Laënnec. : *Le cœur avec ses oreillettes doit avoir à peu près le volume du poing de l'individu.*

Giovanni y substitue la formule suivante qui en est le perfectionnement : *le diamètre transversal du poing de la main droite (gauche chez les gauchers) est égal à la base du cœur.*

Pour mesurer le diamètre transversal ou *épaisseur* du poing on place un ruban gradué sur les extrémités articulaires des premières phalanges, au point ou elles se soudent aux os respectifs du corps, et on fixe les extrémités du ruban en entourant les extrémités des articulations.

C) La détermination de la *valeur fonctionnelle du cœur* a pour base la recherche des rapports existant entre l'intensité des pulsations de l'artère *radiale* et celles du *cœur*. Il faut naturellement, pour faire cette recherche, appliquer une main sur la radiale, l'autre sur la région du cœur ; on constate alors que chez certains individus, l'impulsion du cœur correspond exactement à celle du pouls de l'artère, et que, chez d'autres individus, cette équivalence n'existe pas.

Dans le premier cas, *tout le travail cardiaque est communiqué au pouls* ; dans le second cas, *une partie seulement de ce travail* est utilisée. Cette dernière constatation est liée à l'indication d'un procédé déplétif. Nous avons dit en parlant de l'inspection des artères qu'il y avait disproportion entre l'impulsion du cœur et celle de l'artère radiale lorsque l'insuffisance artérielle n'était pas compensée par la force du cœur.

Lorsque, malgré la petitesse des artères — dont le critérium a été fourni précédemment — cette disproportion n'existe pas, c'est que le cœur exerce une action dynamique correspondant à l'énergie déployée à chaque systole. Dans ce cas, le ventricule gauche est plutôt volumineux tandis que le ventricule droit se rapproche de la normale.

L'effort accompli dans ce cas par le cœur peut être dit tantôt *physiologique*, tantôt *pathologique*.

Il peut être dit *physiologique* dans deux cas :

1° Lorsqu'il est accompagné d'un développement proportionnel du trophisme, entraînant *le développement du cœur et celui des artères*.

2° Lorsque l'hypernutrition cellulaire est relative non plus aux artères mais seulement au cœur, et que le degré d'hypertrophie de cet organe est exactement celui qui est nécessaire au maintien de l'équilibre fonctionnel.

Il peut être dit *pathologique* lorsque l'hypertrophie du cœur dépasse ces limites.

L'effort cardiaque physiologique peut être relatif à un seul ventricule ; par conséquent, il faut, pour juger des aptitudes fonctionnelles du cœur, l'examiner dans toutes ses parties.

L'examen morphologique du cœur apprend qu'il n'y a pas toujours correspondance entre l'intensité des bruits cardiaques et l'importance du vice organique ; quelques-uns de ces bruits doivent être rapportés à des efforts transitoires des muscles cardiaques, d'autres à l'influence de la respiration, de l'innervation, etc. Dans d'autres cas, au contraire, les rumeurs peuvent être peu intenses et les pertubations importantes.

Par conséquent les rumeurs cardiaques sont loin d'avoir la valeur symptômatologique qui leur est généralement attribuée. Dans quelques cas, l'examen morphologique du cœur doit être complété par des données cardiographiques.

La puissance fonctionnelle du cœur doit aussi être déterminée à l'aide d'expériences thérapeutiques. Il est par exemple très fâcheux que tous les cardiaques ne puissent bénéficier de la gymnastique de Oertel ; on verrait augmenter les applications de cette cure si on mettait tous les malades en état de l'essayer. Or on atteint ce résultat, en appliquant aux extrémités inférieures des bandages rendus progressivement plus compressifs. Cette méthode permet en outre d'apprécier le mode de fonctionnement du système circulatoire et de faire cette appréciation la base d'une cure de gymnastique proprement dite. Certains cardiaques se trouvent très bien de la compression progressive ; on voit chez eux l'augmentation du taux urinaire s'ajouter à l'amélioration de la fonction circulatoire ; d'autres, au contraire, tolèrent mal les bandages et paraissent se trouver bien de l'excitation apportée par le massage ou d'autres modificateurs de la cinétique cardiaque. Lorsque les bandages réussissent l'auteur conseille la gymnastique passive et active des extrémités, le massage général et même de fréquentes inspirations profondes. Naturellement ces traitements doivent être dirigés avec la plus grande prudence et subordonnés aux modes de réaction individuels.

Les œdèmes peuvent, eux aussi, être intensifiés par une paralysie du système vasculaire qui disparaît sous l'influence d'une action exercée sur les centres nerveux. Il suffit d'un traumatisme léger pour faire apparaître chez certains individus des réactions locales à forme d'œdèmes ; le massage et l'injection hypodermique de doses progressives de strychnine dans la région des extrémités sont, dans ce cas, indiqués. Des expériences pratiquées sur les animaux et sur lui-même ont en effet enseigné à l'auteur que la strychnine agit sur le système vaso-moteur.

6. — *Inspection de l'abdomen*

Nous ne retiendrons ici de ce chapitre que le critérium relatif au développement du foie.

Le foie est d'autant plus développé que la ligne xypho-ombilicale (X-O) prédomine davantage sur la ligne ombilico-pubienne (O-P) et que la cage thoracique s'élargit davantage dans la partie qui forme le toit du ventre.

Le foie particulièrement développé peut être considéré comme un élément disproportionné par rapport au centre dans lequel va se déverser son contenu sanguin. Lorsque ces conditions sont intensifiées par l'insuffisance du centre circulatoire, on voit se produire des perturbations circulatoires souvent stigmatisées par des œdèmes des extrémités inférieures et du tronc dans le domaine de la cave ascendante.

CHAPITRE XVIII

Les combinaisons morphologiques

1. — *Généralités*

La classification morphologique de Giovanni a pour base l'idée de *subordination des caractères*.

Chez les individus qui peuvent être considérés comme les représentants parfaits d'une famille ou *combinaison morphologique* les dimensions respectives de certaines parties du corps sont invariables.

Les parties considérées sont :

1° la taille et la grande envergure ;

2° la taille et la circonférence thoracique ;

3° la hauteur du sternum et la circonférence thoracique ;

4° la hauteur abdominale et la circonférence thoracique ;

5° le diamètre buliaque et la hauteur abdominale ;

6° le cœur.

Par exemple, *la prédominance de la grande envergure sur la taille* entraîne un *cœur petit* et des rapports donnés entre la circonférence thoracique et la taille, la circonférence thoracique et la hauteur du sternum, la circonférence thoracique et la hauteur abdominale, la ligne X-O et la ligne O-P le diamètre buliaque et la hauteur abdominale.

Les individus chez lesquels la corrélation de ces rapports se manifeste dans toute sa pureté appartiennent à la *1re combinaison*.

D'autres corrélations de rapports sont commandées par le développement *prédominant* du *thorax*, du *cœur* et du *système artériel* (*2e combinaison*).

Un développement prédominant du *thorax* associé à un développement plus grand encore de l'*abdomen* entraîne les corrélations de rapports propres à la 3e combinaison.

Les évaluations des dimensions sont obtenues par comparaison avec un *type idéal* théorique dont les caractéristiques sont les suivantes :

Taille = grande envergure ;

Circonférence thoracique = 1/2 de la taille

Hauteur du sternum = 1/5 circonférence thoracique ;

Hauteur de l'abdomen = 2/5 circonférence thoracique ;

Ligne X-O = ligne O-P.

Diamètre buliaque = 4/5 hauteur abdominale.

Naturellement les combinaisons existent très rarement à l'état pur. Elles s'associent le plus souvent entre elles pour aboutir à des individualités mixtes participant à la fois de plusieurs combinaisons ; ainsi les types individuels peuvent être échelonnés en une série ininterrompue.

2. — *1ᵉ Combinaison morphologique*

Les caractéristiques principales sont :

la prédominance de la grande envergure sur la taille ;

la petitesse du cœur et du système artériel (prédominance fréquente du cœur droit).

Les caractéristiques subordonnées à celles-ci sont :

Morphologiquement thorax défectueux, abdomen idem, développement des membres disproportionné par excès ; musculature faible.

Physiologiquement, ralentissement des fonctions trophiques et des échanges respiratoires ;

Pathologiquement, cette combinaison étant surtout propre à l'enfance, les aptitudes morbides se modifient avec l'âge. Nous ne mentionnerons ici parmi elles que les fréquentes altérations de la veine cave ascendante (souvent stigmatisées par des œdèmes) et en rapport d'une part avec le développement exagéré du foie, d'autre part avec l'insuffisance du cœur et du système artériel.

Application des observations faites sur les individus
de la première combinaison
à quelques théories pathogéniques

a) Tuberculoses. — 1° Dans la grande majorité des cas les tuberculeux ont un cœur petit par rapport à l'organisme. 2° Dans les cas où le cœur envisagé dans son ensemble paraît de dimensions normales, il y a disproportion entre le ventricule gauche et le ventricule droit ; celui-ci est supérieur à la normale.

3° les tuberculeux ont en outre un système artériel insuffisant ; les artères et les masses musculaires des membres supérieurs sont moins développées chez eux que celles des membres inférieurs ; le moindre développement du ventricule gauche et des artères entraîne un plus grand développement des systèmes veineux et lymphatique.

b) Maladie de Basedow. — Les éléments concourant à la production de cette dernière maladie sont : la constitution lymphatique originelle, la disproportion primitive des deux plus grands systèmes circulatoires, l'irritabilité cardiaque consécutive avec hypertrophie plus ou moins accentuée du ventricule gauche et tous les troubles nerveux qui stigmatisent la maladie. Celle-ci peut exister indépendamment du symptôme classique représenté par l'hypertrophie de la glande thyroïde, c'est pourquoi l'auteur rejette pour elle la dénomination de goître exophtalmique, à laquelle il substitue celle de maladie de Basedow.

3. — 2° *Combinaison morphologique*

Elle s'observe uniquement chez l'adulte ; elle est caractérisée.

Morphologiquement par le développement du cœur (1).

Physiologiquement par une morbidité moindre que celle des autres combinaisons (c'est dans la 2me combinaison qu'on rencontre le plus d'individus proches du type idéal) ; et une grande aptitude aux exercices musculaires.

(1) Ce caractère a commandé la recherche d'un *criterium du mode de développement du cœur ;* il peut en effet y avoir intérêt à savoir si l'hypertrophie cardiaque est originelle ou acquise.

Le criterium considéré est le suivant :

Le cœur originellement bien proportionné *présente, par rapport à l'indice cardiaque, sa plus grande anomalie à la base* (ses dimensions seront par exemple, le diamètre du poing étant 9 ; base 10 ; ventricule gauche 10 ; ventricule droit 11), tandis que la base du cœur hypertrophique aura les mêmes dimensions pour des ventricules beaucoup plus développés (par exemple ventricule gauche 4 ; ventricule droit 12), parce que ses deux ventricules ont conservé leurs dimensions originelles et que la fatigue du muscle le plus actif (qui dans ce cas est le cœur gauche), n'a entraîné que la dilatation de la base, qui est généralement la première à se manifester. Dans le cas du cœur originellement hypertrophique, la dilatation atteint *à la fois la base et les ventricules.* Cette dernière condition seule équivaut à une cardiopathie, au sens clinique du mot ; la seconde n'est qu'une manifestation compensatrice vite suivie de la disparition des troubles morbides.

Pathologiquement par une prédisposition aux maladies aiguës, aux troubles cardiaques et vasculaires, et en particulier à la pléthore.

Application des observations faites sur les individus de la 2ᵉ Combinaison à quelques théories pathogéniques

a) Rapport du développement morphologique aux prédispositions morbides. — Les individus de la deuxième combinaison amènent à faire cette constatation que *c'est l'appareil le plus développé qui est le siège des processus morbides.*

On voit en effet se manifester presque fatalement, dans la 2° combinaison, la perturbation plus ou moins précoce de l'appareil circulatoire après avoir eu des preuves de l'énergie fonctionnelle de cet appareil. On peut donc admettre que la supériorité énergétique du cœur préside aux excès fonctionnels. D'ailleurs le paradoxe n'est qu'apparent, car l'habitude des dépenses physiologiques liées à une vigueur exceptionnelle engendre les excès fonctionnels, et par conséquent accroît la morbidité ».

b) Pléthore. — Les individus de la 2ᵉ combinaison démontrent la réalité de cette dernière manifestation, qui n'est pas une entité morbide, mais l'équivalent physiologique de conditions morphologiques représentées par le *développement* excessif du système vasculaire.

La morphologie, dit Giovanni, substitue en ce qui concerne la pléthore la notion de *prédominance du système vasculaire* (sous le rapport du nombre ou du calibre des vaisseaux) à l'antique conception de *plénitude vasculaire*. On peut distinguer deux formes principales de pléthore : la pléthore *artérielle*, relative à l'arbre *artériel* et au ventricule gauche, et la pléthore *veineuse*, relative à l'arbre veineux et au *ventricule droit ;* une variété secondaire est la pléthore *lymphatique*, fournie par le développement excessif du système *lymphatique* et des tissus lymphoïdes ; enfin la pléthore *séreuse* est une modification des précédentes, due à de l'hydroëmie consécutive à une maladie débilitante.

La pléthore peut être *générale* ou *locale* (comme celle qui est consécutive à la congestion du poumon) ; dans ce dernier cas, elle est en rapport avec la morphologie locale.

A la fréquence des manifestations pléthoriques se rattache, dans le domaine thérapeutique, celle de l'indication de la *saignée* (beaucoup trop négligée aujourd'hui), des *sangsues* et des *cures déplétives*.

L'auteur insiste énormément sur ce dernier point et cite de nombreuses cures dont la saignée a été l'élément le plus important.

L'indication de la saignée, dit-il, est beaucoup moins liée à la considération de la *maladie* qu'à celle du *malade ;* parfaitement oiseuses sont, par exemple, les discussions théoriques relatives à l'opportunité de la saignée dans la pneumonie ou dans les maladies aiguës. La saignée est indiquée dans la pneumonie lorsque celle-ci est accompagnée de pléthore, c'est-à-dire d'orgasme stigmatisé par l'intensité de la fièvre, du délire, la rougeur de la face et la morphologie du cœur et du système vasculaire ; il en est de même pour les maladies aiguës. Une indication précieuse de la soustraction directe ou indirecte, déjà indiquée par Laënnec, est la disproportion entre *l'activité fonctionnelle du cœur et celle des artères* (qui est faible par rapport à celle du centre circulatoire).

La pléthore artérielle commande en général la saignée et la pléthore veineuse (qui se confond le plus souvent avec la pléthore abdominale) les sangsues, particulièrement les sangsues à l'anus, d'ailleurs préférées par les malades.

La cure déplétive directe ou indirecte est indiquée dans le cas d'hémophtisie chez un individu dont la morphologie décèle l'aphasie du cœur gauche et du système artériel et un excès de pression sanguine dans le circuit de la veine pulmonaire, lorsqu'il n'est pas atteint de lésions chroniques destructives du poumon et que l'hémophtisie se présente dans des conditions pour ainsi dire normales.

Dans les maladies chroniques la cure déplétive est indiquée quand la pléthore est liée à la persistance ou à l'aggravation de certains symptômes,

par exemple dans les premières phases d'une maladie cardiaque ou de l'anévrisme de l'aorte.

4. — 3ᵉ *Combinaison morphologique*

Cette combinaison est caractérisée :

Morphologiquement par le développement de
la cavité abdominale. C'est dire que les individus qui lui appartiennent ont tous un ventre
au-dessus de la normale. Leurs autres caractéristiques sont tantôt celles de la première, tantôt celles de la 2ᵉ combinaison. Chez quelques-
uns la caractéristique dominante est le développement du foie ; dans ce cas, l'abdomen n'atteint
pas de dimensions exagérées et les individus
restent à peu près semblables à eux-mêmes pendant la durée de l'évolution, tandis que les autres
grossissent progressivement.

Le développement du foie est lié à une prolifération des tissus lymphatiques abdominaux ;
même dans les cas où il se produit des transformations morphologiques évolutives, la morbidité
du foie persiste à un degré suffisant pour stigmatiser l'hyperexcitabilité constitutionnelle des
tissus. On peut donc dire que la 3ᵉ combinaison
est caractérisée :

Physiologiquement par du lymphatisme abdominal. — (L'auteur préconise pour l'ensemble
des symptômes morbides correspondant au développement du foie et de l'intestin chez les veineux

et les lymphatiques cette dénomination un peu vague, mais qui a l'avantage de fournir une représentation concrète et synthétique des manifestations morbides et de permettre par conséquent une action prophylactique).

Pathologiquement par des prédispositions aux maladies abdominales de toutes catégories, aux troubles génitaux chez les femmes, et aux maladies de la nutrition.

Application des observations faites sur les individus de la 3ᵉ Combinaison à quelques théories pathogéniques

Nous ne retiendrons ici de ce chapitre que les données suivantes :

a) *Polysarcie, goutte, diabète.* — La polysarcie s'observe surtout dans deux séries d'organismes : les lymphatico-scrofuleux et les pléthorico-veineux. Ils doivent être classés, comme les diabétiques et les goutteux, d'après la forme du thorax qui tantôt appartient au type de la 1ʳᵉ combinaison (lymphatico-scrofuleux), tantôt à celui de la 2ᵉ (pléthorico-veineux).

Ces considérations montrent que la *phtisie*, la *goutte* et le *diabète* ont un *substratum morphologique commun* qui est le *lymphatisme*, et surtout le *lymphatisme abdominal* : on peut en outre observer que *le diabète ne mène à la tu-*

*berculose que les individus dont le thorax rap-
pelle celui de la 1re combinaison.*

b) Pathologie de la veine cave inférieure. —
Les troubles circulatoires dans le domaine de la
veine cave sont en relation tantôt avec des troubles
cardiaques, tantôt avec un développement anor-
mal du foie et un ralentissement consécutif de la
circulation, tantôt enfin avec un état pathologique
du vaisseau qui peut être purement fonctionnel
(diminution de la contractilité) ou correspondre
à des lésions pariétales.

L'insuffisance des vaisseaux s'observe surtout
chez les gras de la 3ᵉ combinaison ; elle est plus
rare chez les maigres.

« Dans quelques cas où il est difficile d'expliquer
pourquoi les œdèmes externes se localisent dans
le domaine de la veine cave inférieure, on invoque
l'insuffisance cardiaque. Mais si les jugements
cliniques étaient étayés sur la prise en considération de la morphologie individuelle et surtout,
dans le cas considéré, de la morphologie du cœur
envisagée en tant que critérium de sa puissance
fonctionnelle, on s'attacherait non seulement à
l'observation des œdèmes mais à celle du mode
de circulation de la veine cave, et l'on compren-
drait qu'ils sont en rapport avec d'autres anomalies anatomiques et cliniques et ne peuvent s'expliquer physiologiquement que par une altération
fonctionnelle de la veine cave... Dans quelques
cas complexes, l'influence d'un vice cardiaque

s'ajoute dans la pathogénèse à celle de l'altération vasculaire. La symptômatologie facilite alors le diagnostic. »

5. — *L'unité de la morphologie humaine.*

L'unité de la morphologie humaine reste très nettement perceptible sous la diversité des perspectives qu'elle a entr'ouvertes à ses deux principaux observateurs.

On remarque tout d'abord que Sigaud et Giovanni sont d'accord sur ce point fondamental que *la vulnérabilité d'un appareil est en raison directe de sa vitalité et de son développement.* Seulement, Sigaud a su voir dans ce fait l'expression d'une *loi générale*, au lieu que Giovanni n'en a pas fait l'application aux appareils respiratoire et cérébral. Il a toutefois pris soin de mentionner les fréquents démentis apportés par les faits aux pronostics favorables fondés sur la prépondérance de la région thoracique.

Les divergences existant entre les deux œuvres sont inhérentes à la mentalité essentiellement synthétique du clinicien lyonnais. Il s'est plus attaché que Giovanni à discerner « l'un dans le multiple » et c'est pourquoi les combinaisons, variétés et catégories de Giovanni sont réductibles dans la morphologie de Sigaud à des *juxtapositions de prédominances* (types mixtes) *et de caractéristiques relatives à la morphologie de fonctionnement.*

Pour ces raisons, il n'y a pas lieu pour Sigaud d'envisager isolément le symptôme *lymphatisme*. C'est une des multiples manifestations de *l'hyper-excitabilité cellulaire*, stigmatisée par la *morphologie de fonctionnement* et les données de *l'exploration externe du tube digestif*.

Quant aux combinaisons en elles-mêmes, il est très facile de retrouver leurs équivalents dans l'œuvre de Sigaud. La *première combinaison* seule n'y est pas représentée parce qu'elle est propre à la période de formation et que les types établis par le clinicien lyonnais se rapportent aux formes acquises après cette période. Il faut cependant faire observer qu'elle a pour caractéristique principale la « *formation irrégulière* » mise en lumière dans, *La Forme humaine*.

La 2ᵉ *combinaison* correspond nettement aux *musculaires* et *musculo respiratoires* de toutes catégories, et la 3ᵉ *combinaison* aux *digestifs variables*. Quant au *type idéal* de Giovanni, c'est évidemment un type *franc* ou *hiérarchisé* puisqu'il y a chez lui absence de prédominance grossière, et plus particulièrement un *musculaire franc*. Rappelons nous en effet qu'il est *symétrique dans la région du tronc*, et que c'est dans la 2ᵉ combinaison caractérisée par la prédominance du cœur, qui est un *muscle*, qu'on trouve le plus d'individus proches du type idéal.

Nous appellerons à ce propos l'attention sur la réalité des rapports établis par Sigaud ; c'est un trait de génie d'avoir rapporté *l'équilibre fonctionnel* à la *dissymétrie* plutôt qu'à la symétrie.

Pour se convaincre de cette vérité, il suffit d'en faire l'application au domaine psychologique. On constatera que l'absence d'une forme quelconque de dissymétrie cérébrale est presque toujours l'équivalent de la médiocrité intellectuelle, et qu'il est bien peu de supériorités qui ne soient la rançon de déficiences correspondantes.

Cette donnée est d'ailleurs la seule qui sera pour nous objet de comparaison. Nous nous contenterons de faire remarquer le mutuel complément que s'apportent ces deux œuvres, qui fournissent entre autres données nouvelles, l'une des éléments de séméïologie digestive, l'autre des éléments de séméïologie cardiaque.

Une appréciation plus motivée sera apportée au lecteur par la lecture des œuvres originales, mais il devra tenir comte du fait que Sigaud n'a encore publié que le premier fascicule de son œuvre de synthèse morphologique.

C. — Morphologie
de Mme Bessonnet-Favre

CHAPITRE XIX

Morphologie et Typologie

1. — *Principes fondamentaux*

La morphologie est pour Mme Bessonnet-Favre un des éléments d'une science plus complexe, la *typologie*, laquelle pourrait être définie : l'interprétation de tous les aspects de la personnalité (formes, caractères, habitudes, intellectualité, son de voix, etc).

On voit que cette science ne diffère que peu de notre morphologie au sens large. Cependant nous ne nous étendrons pas sur cet auteur : en premier lieu parce que l'ouvrage actuellement publié, *la Typologie*, n'est qu'une sorte d'introduction analytique à d'autres œuvres qui seront consacrées à l'établissement et à la description des types ; en second lieu parce que nous ne pouvons mentionner ici les données de Mme Bessonnet-Favre qu'à titre purement documentaire.

Elles embrassent en effet un domaine assez différent de celui dont nous nous sommes occupés jusqu'ici, et nous n'avons pu, pour cette raison, les soumettre à un contrôle exigeant une initiation préalable et de longues observations. Mme Bessonnet-Favre estime, comme Sigaud, que « tout tempérament est... déterminé par un organe qui, étant plus fort que les autres, règle l'harmonie générale » mais elle ajoute que « à cet organe directeur correspond presque fatalement un organe faible » qui est l'homologue de l'organe directeur. » C'est ainsi que les reins auraient pour homologues les amygdales, et éventuellement les glandes sudoripares ; le pancréas aurait pour homologue le corps thyroïde, l'estomac, la vessie (1). « La constante physiologique d'un tempérament résulte d'une loi d'homologie viscérale ; si l'organe faible ne remplit plus sa fonction ou la remplit mal, l'organe fort supplée généralement son homologue jusqu'à ce que lui-même s'épuise.

La vraie qualité du tempérament vient toujours de son organe fort. Cependant les médecins et les physiologistes ont surtout classé les tempéraments d'après l'organe faible. Lorsque l'organe faible et l'organe fort d'un tempérament sont également épuisés, ce tempérament s'effondre et le type de l'homme s'altère de telle

______

(1) Cette idée de l'homologie des organes se retrouve dans presque tous les ouvrages d'anatomie philosophique.

sorte que l'observateur y révèle les signes d'un mal incurable.

Toutefois la suppléance possible de l'organe fort à certaines fonctions vitales de l'organe faible peut permettre d'éviter ces fatalités en établissant des compensations organiques par une hygiène intelligente.

L'auteur ramène, lui aussi, la pédagogie à l'art de placer les individus dans les milieux qui leur conviennent et distingue à ce point de vue deux grandes catégories de types : celui qui *emprunte toute sa valeur au milieu* par lequel il se laisse façonner et celui *qui façonne le milieu à sa convenance.*

« Tout être... pourvu d'un type différent de ceux qui l'entourent, a grande chance de dépérir parce qu'il n'a pas son milieu... S'il est de tempérament nomade et qu'on lui ménage une vie trop sédentaire, il fuit ou il devient mélancolique... ; s'il est de tempérament aventurier dans une époque de paix il ne trouve pas l'emploi de son activité ; on raille ou l'on réprouve ses initiatives et cet homme qui, dans un autre temps, aurait peut-être été quelque grand soldat, n'est plus qu'un criminel ou un raté. Que lui manque-t-il ? L'opportunité des circonstances et un milieu qui le comporte.

« Si l'être indépendant a un tempérament d'oriental et qu'on l'oblige à une activité continue, il tend à échapper par le sommeil ou par l'ivresse, car le sommeil comme l'ivresse isole l'individu

du milieu dans lequel il vit et lui crée un milieu
artificiel où il se réfugie pour oublier. »

Car « l'être d'exception a la nostalgie du milieu
dans lequel il eût du naître. Il tend donc à se
dérober au milieu ambiant qui lui demeure hos-
tile ou étranger et par là même il encombre, gêne,
perturbe et scandalise les gens de ce milieu. »

2. — *Interprétation de quelques particularités morphologiques.*

« Le développement de l'os frontal et des sinus
frontaux indique une possibilité de développement des cerveaux supérieurs ; au contraire la
prédominance de l'occipital, en donnant de l'expansion au cervelet, favorise le jeu des instincts et
des qualités musculaires. L'accroissement des pa-
riétaux, qui forment les parties latérales du crâne,
indique une prépondérance de l'imagination et
des facultés d'examen.

… Si le trou auriculaire est percé très bas dans
les temporaux, c'est un signe de la prédominance
des instincts physiques ; s'il est percé haut, c'est
un signe de la prédominance des instincts intellectuels. De même le rocher développé peut indiquer un auditif, mais un auditif instinctif.

C'est surtout le front qui révèle à l'observateur
les facultés intellectuelles de l'individu. L'avance-
ment des arcades sourcilières indique des facul-

tés de perception rapide et instinctive de toutes les impressions ; le développement de la zône moyenne, des facultés de réflexion et de logique ; le développement de la partie qui touche à la suture coronale, des facultés de création et de construction. Quant au creusement des tempes, il indique des facultés intuitives.

L'élévation de la voûte crânienne en dôme accuse dans un individu des capacités mystiques et une tendance à la vénération.

L'œil bleu indique la prédominance des organes lymphoïdes et par conséquent une tendance au spleen ; l'œil très noir est l'indice d'un tempérament bilieux et atrabilaire ; l'œil vert et transparent nous révèle que certaines ivresses vitales proviennent souvent de distillations insuffisantes des reins ; au contraire, celui d'un être prédisposé à la torpeur ou à l'hypnose par suite d'un mauvais fonctionnement de la circulation sera jaune et terne.

... Une grande oreille lourde et charnue révèle des appétits matériels. Une oreille haute et pointue comme celle des faunes indique une sorte d'intellectualité et de curiosité perverse dans les instincts ; une oreille fine et bien dessinée indique au contraire une certaine délicatesse au point de vue physique comme au point de vue moral.

Il convient d'ailleurs d'observer largement et sans trop entrer dans le détail, l'aspect général et celui de chacune des parties, que l'observation porte sur le squelette, le crâne ou la face. »

Mme Bessonnet-Favre a observé, sans chercher à interpréter le fait, que « la plus grande envergure d'un visage est, suivant les types, au front, aux pommettes ou aux maxillaires si l'on ne tient pas compte des oreilles et de leur écartement » ; elle a observé en outre que plus le trapèze dans lequel s'inscrit ce qu'elle appelle « *le petit visage* », c'est-à-dire l'ensemble formé par le nez, la bouche et les yeux est *long et étroit* et plus l'expression du visage est *mélancolique*.

« Ce plan tout géométral nous donne dans le visage *long* un type *triste*, dans le visage *moyen* un type *indifférent* et dans le visage court un type *gai*. Donc, par rapport au plan architectural du type, la tristesse, l'indifférence et la gaieté dépendent de ce qui est immuable dans l'être.

... L'observateur, habitué à voir instantanément le triangle et le trapèze du petit visage... discerne... les taciturnités intimes en dépit des gaietés apparentes, les indifférences et les égoïsmes sous les agitations factices et les feintes de dévouement. »

La morphologie individuelle peut présenter des caractères contradictoires ; par exemple l'architecture de la face et celle du tronc, les profils de l'individu, peuvent être en opposition l'un avec l'autre (l'un appartenant à un type long, l'autre à un type court) ; dans ce cas, l'observation de la main devient un des éléments du diagnostic psychologique. La *longueur et la largeur des phalanges* indiquent le *développement de la volonté* (1) ; la *mollesse* de la main est un signe *d'indolence physique.*

3. — *Classification des types et des tempéraments*

L'ensemble des types éthniques est ramené à deux grandes catégories ; les types *longs* et les types *courts.*

« Les types les plus fixes sont les types longs aux traits nettement accusés dès l'enfance ; ce sont ceux qui persistent davantage par l'hérédité. Les types moyens et surtout les types courts n'ont pas cette fixité... la vie remanie perpétuellement leurs formes... Cependant, comme les êtres de type court, en raison même de leur tempérament, sont moins calculateurs et moins égoïstes, et qu'en ou-

(1) On sait que dans la chirognomonie classique les doigts spatulés stigmatisent l'activité musculaire ; la main spatulée, dit d'Arpentigny, est une « main de colon » « qui aime les biens matériels du sol... L'Angleterre est féconde en mains spatulées, celles-ci sont sans doute originaires des zônes où la rigueur du climat et la stérilité relative du sol rendent plus obligatoires que dans le sud la locomotion, l'action, le mouvement. »
Parmi les autres observations relatives à la forme de la main, nous signalerons celle-ci que, chez les personnes émotives, le creux de la main s'*humecte facilement* (Observation à rapprocher de l'interprétation analogue de *l'humidité de l'œil* donnée par Piderit, Hartenberg, Sigaud et d'autres typologues. Disons encore que, selon quelques observateurs de la main, les mains inégales, longues et larges par rapport aux doigts, seraient indicatrices de facilité dans les accouchements.

tre ils ont une vitalité plus grande que les êtres de type long, leurs unions sont plus fécondes, leurs familles plus nombreuses et ils forment ainsi la partie prolifique de la population d'un pays. Leur caractère insouciant, leur gaieté naturelle, leur désintéressement, leur amour du bruit et du mouvement rendent ces gens fort inattentifs à leurs intérêts et ils sont assez rapidement conquis à leur insu par les individus au long visage aquilin, qui possèdent des instincts de domination, de spéculation et de maîtrise. »

L'auteur prend pour base d'une classification fondamentale des tempéraments *le processus de différenciation de l'embryon en trois feuillets principaux* : « l'ectoderme, qui forme la peau, le système nerveux et les organes des sens ; le mésoderme qui « produit les muscles, le tissu conjonctif, le cœur et les vaisseaux sanguins » ; l'endoderme qui « constitue la membrane interne du tube digestif, les glandes et tous les viscères ».

La classification basée sur ces considérations est la suivante :

ectodermiques {
  nerveux.
  sensitifs.
  herpétiques.
}

mésodermiques {
  musculaires.
  sanguins.
  arthritiques.
  scléreux.
}

endodermiques
{
bilieux.
spléenetiques.
scofuleux.
stomacaux.
néphrétiques ; en résumé tous les prédisposés aux troubles des glandes et des viscères.
}

La considération des prédominances *anatomique* et *physiologique* fournit une deuxième classification qui est la suivante :

céphaliques
{
cérébraux

sensoriels
{
prédominance
auditive.
visuelle.
du goût.
du toucher.
de l'odorat.
}
}

thoraciques
{
pulmonaires

cardiaques
{
artériels.
veineux.
}
}

hypochondriaques
{
spléenetiques.
hépatiques.
}

TABLE DES MATIÈRES

LIVRE PREMIER

GENÈSE DE LA MORPHOLOGIE HUMAINE

LIVRE II

ÉTAT ACTUEL DE LA MORPHOLOGIE HUMAINE

A. — *La Morphologie de Sigaud.*

PREMIÈRE PARTIE

GENÈSE DE LA MORPHOLOGIE DE SIGAUD

Chapitre IX. — *Histoire d'une idée.*

DEUXIÈME PARTIE

L'EXPLORATION EXTERNE DU TUBE DIGESTIF

Chapitre X. — *Inspection. — Palpation. — Percussion*. 137

TROISIEME PARTIE

LES LOIS DE L'ÉVOLUTION INDIVIDUELLE DE L'HOMME

Chapitre XI. — *La Morphologie humaine et la dissymétrie cosmique.*

Chapitre XII. — *La loi de synergie fonctionnelle.*

QUATRIÈME PARTIE

LA FORME HUMAINE

Chapitre XIII. — *La morphologie individuelle et l'Irritabilité cellulaire.*

CINQUIÈME PARTIE

L'œuvre de Sigaud et l'évolution de la philosophie scientifique

9 782013 539630